Chemisch-technologisches Rechnen

Von

Prof. Dr. Ferdinand Fischer

Bearbeitet

von

Fr. Hartner
Fabrikdirektor

Dritte Auflage

Mit 2 Diagrammen

Springer-Verlag Berlin Heidelberg GmbH
1912

ISBN 978-3-662-33727-1   ISBN 978-3-662-34125-4 (eBook)
DOI 10.1007/978-3-662-34125-4

Vorwort zur ersten Auflage.

Jeder Chemiker, ganz besonders aber der in der Technik tätige, muß rechnen können. Nur wenn man z. B. berechnen kann, welche Ausbeute bei der Herstellung eines Fabrikates möglich ist, kann man beurteilen, ob eine Verbesserung in der Fabrikation anzustreben, ja ob das ganze Verfahren überhaupt vorteilhaft ist. Man kann nur dann beurteilen, ob man durch Verbesserungen eines Gaserzeugers, einer Feuerung, eines Hoch- oder Schmelzofens u. dgl. noch an Brennstoff sparen kann, wenn man den tatsächlich erforderlichen Mindestbedarf an Wärme bzw. die mögliche Wärmeausnutzung berechnet. Nicht minder wichtig sind die Berechnungen bei der technischen Verwendung der Elektrizität, ferner bei der Herstellung von Zement, Tonwaren, Glas u. dgl. Nur wenn man die Wärmeentwicklung auf der Malztenne und bei der Gärung kennt und die Wärmeübertragung durch die Wände berücksichtigt, läßt sich das richtige Größenverhältnis der Kühlanlage bestimmen. Wie manche Anlage muß mit großen Kosten geändert, ja beseitigt werden, weil sie nach Annahmen, nicht auf Grund von Berechnungen ausgeführt wurde.

1*

Vielfachen Ersuchen, besonders früherer Hörer, eine Zusammenstellung von Aufgaben aus den verschiedenen Gebieten mit den erforderlichen Tabellen u. dgl. — welche sonst meist schwer zu beschaffen sind — zu liefern, entsprechend, folgen hier Beispiele derartiger Berechnungen, wie sie bei den „chemisch-technologischen Übungen" durchgenommen wurden. Berechnungen von anderen Autoren wurden so aufgenommen, wie sie seinerzeit veröffentlicht sind, um die verschiedenen Berechnungsarten zu zeigen. Von den Atomgewichten wurden meist die abgerundeten Zahlen genommen. Einen Teil der Ausrechnungen und Korrekturen verdanke ich Herrn stud. Heyne.

Wenn diese Zusammenstellung auch zunächst für den Unterricht an Hochschulen bestimmt ist, so dürfte sie doch auch manchem bereits in der Technik stehenden Chemiker, welcher in seiner Studienzeit keine Gelegenheit hatte, sich in solchen Berechnungen zu üben, nützlich werden können.

Göttingen, Dezember 1911.

Der Verfasser.

Vorwort zur zweiten Auflage.

Zu einem Teil der in der vorliegenden Neuauflage getroffenen Änderungen hat der verstorbene Verfasser in mündlicher Unterhaltung kurz vor seinem Ableben noch die Anregung gegeben. Im übrigen habe ich mich in der Hauptsache darauf beschränkt, die in der ersten Auflage enthaltenen zahlreichen Druck- und Rechenfehler sowie stellenweise Unklarheiten zu beseitigen und Veraltetes oder nicht zweckentsprechend Erscheinendes zu entfernen. Dafür ist eine Anzahl neuer Beispiele besonders in den neu bearbeiteten Kapiteln Sprengstoffe, Wärme und Brennstoffe, Thermochemie, Hüttenwesen, Zement, Kalk und Drehöfen aufgenommen worden.

Ein ausführliches Sachregister wurde zum Zwecke rascherer Orientierung beigefügt.

Bad Homburg v. d. H., November 1917.

Hartner.

Vorwort zur dritten Auflage.

Die vorliegende dritte Auflage des Rechenbuchs wurde vollständig neu durchgesehen und dem heutigen Stande der Wissenschaft und Technik angepaßt. Eine Anzahl neuer Beispiele wurde aufgenommen.

Bad Homburg v. d. H., März 1920.

Hartner.

Inhalt.

Hier verwendete Abkürzungen der Maße, Gewichte usw.

Meter	m
Zentimeter	cm
Millimeter	mm
Kubikmeter	cbm
Liter	l
Gramm	g
Kilogramm	kg
Hektokilogramm (100 kg)	hkg
Tonne (1000 kg)	t
Hektoliter (100 l)	hl
Wärmeeinheit	WE
Hektowärmeeinheit (100 WE)	hWE
Pferdestärke	PS

Internationale Atomgewichte 1917.

			Abge-rundet					Abge-rundet
Ag	Silber	107,88	108		N	Stickstoff	14,01	14
Al	Aluminium	27,1	27		Na	Natrium	23,00	23
Ar	Argon	39,88	—		Nb	Niobium	93,5	—
As	Arsen	74,96	75		Nd	Neodym	144,3	—
Au	Gold	197,2	197		Ne	Neon	20,2	—
B	Bor	11,0	11		Ni	Nickel	58,68	59
Ba	Barium	137,37	137		O	Sauerstoff	16,00	16
Be	Beryllium	9,1	—		Os	Osmium	190,9	—
Bi	Wismut	208,0	—		P	Phosphor	31,04	31
Br	Brom	79,92	80		Pb	Blei	207,20	207
C	Kohlenstoff	12,00	12		Pd	Palladium	106,7	—
Ca	Calcium	40,07	40		Pr	Praseodym	140,9	—
Cd	Cadmium	112,40	112		Pt	Platin	195,2	195
Ce	Cerium	140,25	—		Ra	Radium	226,0	—
Cl	Chlor	35,46	35,5		Rb	Rubidium	85,45	—
Co	Kobalt	58,97	59		Rh	Rhodium	102,9	—
Cr	Chrom	52,0	52		Ru	Ruthenium	101,7	—
Cs	Cäsium	132,81	—		S	Schwefel	32,06	32
Cu	Kupfer	63,57	63,5		Sb	Antimon	120,2	120
Dy	Dysprosium	162,5	—		Sc	Scandium	44,1	—
Er	Erbium	167,7	—		Se	Selen	79,2	—
Eu	Europium	152,0	—		Si	Silicium	28,3	28
F	Fluor	19,0	19		Sm	Samarium	150,4	—
Fe	Eisen	55,84	56		Sn	Zinn	118,7	119
Ga	Gallium	69,9	—		Sr	Strontium	87,63	88
Gd	Gadolinium	157,3	—		Ta	Tantal	181,5	—
Ge	Germanium	72,5	—		Tb	Terbium	159,2	—
H	Wasserstoff	1,008	1		Te	Tellur	127,5	—
He	Helium	4,00	—		Th	Thor	232,4	—
Hg	Quecksilber	200,6	200		Ti	Titan	48,1	—
In	Indium	114,8	—		Tl	Thallium	204,0	—
Ir	Iridium	193,1	—		Tu	Thulium	168,5	—
J	Jod	126,92	127		U	Uran	238,2	—
K	Kalium	39,10	39		V	Vanadium	51,0	—
Kr	Krypton	82,92	—		W	Wolfram	184,0	184
La	Lanthan	139,0	—		X	Xenon	130,2	—
Li	Lithium	6,94	—		Y	Yttrium	88,7	—
Lu	Lutetium	175,0	—		Yb	Ytterbium	173,5	—
Mg	Magnesium	24,32	24		Zn	Zink	65,37	65
Mn	Mangan	54,93	55		Zr	Zirkonium	90,6	—
Mo	Molybdän	96,0	—					

Einführung.

Die Grundlage des chemischen Rechnens bildet die Molekulartheorie. Ihre Fundamentalsätze sind folgende:

1. Gesetz der multiplen Proportionen. Die Elemente vereinigen sich im Verhältnis ihrer Atomgewichte oder einfacher rationaler Vielfacher derselben zu den Molekülen der einfachen und zusammengesetzten Stoffe.

2. Avogadrosche Regel. Gleichgroße Volumina gasförmiger Stoffe enthalten bei gleichem Druck und gleicher Temperatur gleichviel Moleküle. Hieraus folgt:

3. Die Molekulargewichte gasförmiger Stoffe stehen in demselben Verhältnis zueinander wie ihre spezifischen Gewichte.

Von Bedeutung sind ferner:

4. Die Boylesche Regel. Das Volumen einer Gasmasse ändert sich bei unverändert bleibender Temperatur immer in entgegengesetztem Sinne, wie der Druck, unter dem sie steht.

5. Das Gay - Lussac - Daltonsche Gesetz. Wenn eine Gasmasse erwärmt wird, so nimmt ihr Volumen bei unverändert bleibendem Drucke für jeden Grad Celsius, den die Temperatur steigt, um $\frac{1}{273}$ desjenigen Volumens zu, das sie bei 0 Grad unter gleich großem Druck einnehmen würde. (Ausdehnungskoeffizient $\alpha = 0{,}003665$). Wird das Volumen unverändert gehalten, so steigert sich für jeden Grad der Erwärmung der Druck um $\frac{1}{273}$ seines Wertes bei 0 Grad.

Die beiden letzteren Regeln sind nur annäherungsweise richtig, für die Praxis aber sehr wichtig.

Chemische Rechnungen führt man mit Hilfe der chemischen Gleichungen durch. Man beachte stets, daß jede chemische Gleichung über dreierlei Aufschluß gibt, nämlich:

1. die Gewichtsmengen der in Reaktion tretenden einzelnen Stoffe,

2. die Energiemengen (Wärmemengen), welche dabei gebunden oder frei werden, und

3. wenn gasförmige Stoffe bei der Reaktion mit in Betracht kommen, über deren Volumverhältnisse.

Die Gleichung:

$$CaCO_3 \;=\; CaO \;+\; CO_2$$

	$CaCO_3$	CaO	CO_2	
1)	100	56	44	Gew.-Tl.
2)	—273 850	131 500	97 200 = —45 150	WE
3)			22,4	Vol.

gibt also Aufschluß darüber, daß

1. beim Erhitzen von 100 kg $CaCO_3$ 56 kg CaO und 44 kg CO_2 gebildet werden,

2. für die Zersetzung von 100 kg $CaCO_3$ 45 150 WE erforderlich sind und

3. aus 100 kg $CaCO_3$ 22,4 cbm Kohlensäure entstehen.

Einfachere Aufgaben.

a) Anorganische Stoffe.

1. Wieviel Proz. Wasser enthält krystallisiertes Glaubersalz (Natriumsulfat)?

$$Na_2SO_4 \cdot 10\,H_2O = Na_2SO_4 + 10\,H_2O.$$
$$322 \qquad = \quad 142 \; + \; 180.$$

$$322 : 180 = 100 : x; \quad x = 55,9 \text{ Proz. Wasser.}$$

2. Wieviel krystallisierte Soda erhält man aus 10 kg
calcinierter?

$$Na_2CO_3 + 10\,H_2O = Na_2CO_3 \cdot 10\,H_2O.$$
$$106 \; + \; 180 \; = \qquad 286.$$

$$106 : 286 = 10 : x.$$

3. Wieviel Bittersalz kann aus 100 kg Kieserit erhalten werden?

$$MgSO_4 \cdot H_2O + 6\,H_2O = MgSO_4 \cdot 7\,H_2O.$$
$$138 \qquad + \; 108 \; = \qquad 246.$$

$$138 : 246 = 100 : x.$$

4. Wieviel Proz. Wasser vermag der gebrannte Estrichgips wieder zu binden?

$$CaSO_4 + 2\,H_2O = CaSO_4 \cdot 2\,H_2O.$$
$$136 \; + \; 36 \; = \qquad 172.$$

$$136 : 100 = 36 : x; \quad x = 26,47 \text{ Proz.}$$

Der gewöhnliche gebrannte Gips (Stuckgips) ist $CaSO_4 \cdot \frac{1}{2} H_2O$; für ihn gilt:

$$CaSO_4 \cdot \tfrac{1}{2} H_2O + 1\tfrac{1}{2} H_2O = CaSO_4 \cdot 2 H_2O$$
$$145 \qquad + \qquad 27 \quad = \qquad 172.$$

$$145 : 100 = 27 : x; \quad x = 18{,}62 \text{ Proz.}$$

5. Wieviel Kupfervitriol erhält man aus 100 kg Kupfer?

$$Cu + 2 H_2SO_4 + 3 H_2O = CuSO_4 \cdot 5 H_2O + 2 SO_2.$$
$$63{,}5 + \quad 196 \quad + \quad 54 \quad = \qquad 249{,}5 \qquad + \quad 64.$$

$$63{,}5 : 249{,}5 = 100 : x.$$

6. Wieviel Eisen ist erforderlich, um aus einer Lösung von 100 kg Kupfervitriol das Kupfer zu fällen?

$$CuSO_4 \cdot 5 H_2O + Fe + 2 H_2O = FeSO_4 \cdot 7 H_2O + Cu.$$
$$249{,}5 \qquad + 56 + \quad 36 \quad = \qquad 278 \qquad + 63{,}5.$$

$$249{,}5 : 56 = 100 : x.$$

7. Wieviel Proz. Kupfer enthalten Rotkupfererz und Kupferglanz?

$$Cu_2O = Cu_2 + O; \quad Cu_2S = Cu_2 + S.$$
$$143 = 127 + 16; \quad 159 = 127 + 32.$$

$$143 : 127 = 100 : x; \quad x = 88{,}8 \text{ Proz.}$$
$$159 : 127 = 100 : x; \quad x = 79{,}9 \text{ Proz.}$$

8. Wieviel Proz. Eisen enthalten Magneteisen und Eisenspat?

$$Fe_3O_4 = Fe_3 + O_4; \quad FeCO_3 = Fe + O + CO_2.$$
$$232 \quad = 168 + 64; \quad 116 \quad = 56 + 16 + 44.$$

$$232 : 168 = 100 : x; \quad x = 72{,}4 \text{ Proz.}$$
$$116 : \quad 56 = 100 : x; \quad x = 48{,}3 \text{ Proz.}$$

9. Wieviel Fluorwasserstoff geben 156 g Flußspat?

$$CaF_2 + H_2SO_4 = CaSO_4 + 2\,HF.$$
$$78 \;+\; 98 \;=\; 136 \;+\; 40.$$

$$78 : 156 = 40 : x; \quad x = 80\,g\ HF.$$

10. Es sollen 440 g Schwefeleisen dargestellt werden; wieviel Eisen und Schwefel sind dazu erforderlich?

$$Fe + S = FeS.$$
$$56 + 32 = 88.$$

$$88 : 440 = 56 : x; \quad x = 280\ g\ Eisen.$$
$$88 : 440 = 32 : x; \quad x = 160\ g\ Schwefel.$$

11. 68 g Schwefelwasserstoff erfordern wieviel Schwefeleisen und Schwefelsäure?

$$FeS + H_2SO_4 = FeSO_4 + H_2S.$$
$$88 \;+\; 98 \;=\; 152 \;+\; 34.$$

$$34 : 68 = 88 : x; \quad x = 176;$$
$$34 : 68 = 98 : x; \quad x = 196.$$

12. Wieviel NH_3 und H_2SO_4 erfordern 100 kg $(NH_4)_2SO_4$?

$$2\,NH_3 + H_2SO_4 = (NH_4)_2SO_4.$$
$$34 \;+\; 98 \;=\; 132.$$

$$132 : 100 = 34 : x; \quad 132 : 100 = 98 : x.$$

13. Wieviel NH_4Cl sind erforderlich zu 100 g NH_3?

$$2\,NH_4Cl + Ca(OH)_2 = 2\,NH_3 + CaCl_2 + 2\,H_2O.$$

14. Zu 100 kg NH_4Cl sind wieviel NH_3 und HCl erforderlich?

$$NH_3 + HCl = NH_4Cl.$$
$$17 \;+\; 36{,}5 \;=\; 53{,}5.$$

$$53{,}5 : 100 = 17 : x; \quad 53{,}5 : 100 = 36{,}5 : x.$$

15. In welchem annähernden Verhältnis müssen Braunstein und Salzsäure bei der Chlorbereitung verwandt werden?

$$MnO_2 : 4\,HCl = 87 : 146$$
$$\underline{-1}$$
$$87 : 145 = 3 : 5.$$

16. Desgleichen Zink und Schwefelsäure bei der Wasserstoffdarstellung?

$$Zn : H_2SO_4 = 65 : 98$$
$$\underline{+1\ \ +1}$$
$$66 : 99 = 2 : 3.$$

17. Wieviel g CaF_2, SiO_2 und H_2SO_4 sind erforderlich zur Herstellung von 31,2 g SiF_4?

$$2\,CaF_2 + SiO_2 + 2\,H_2SO_4 = SiF_4 + 2\,CaSO_4 + 2\,H_2O.$$
$$156\ \ + \ 60\ \ + \ \ 196\ \ = 104\ + \ \ 272\ \ \ + \ \ 36.$$

$$104 : 31{,}2 = 156 : x; \quad x = 46{,}8\,g\ CaF_2;$$
$$104 : 31{,}2 = \ \ 60 : x; \quad x = 18{,}0\,g\ SiO_2;$$
$$104 : 31{,}2 = 196 : x; \quad x = 58{,}8\,g\ H_2SO_4.$$

18. 44 g Schwefeleisen werden in Salzsäure gelöst; wieviel g Schwefelwasserstoff und $FeCl_2$ werden dadurch erhalten?

$$FeS + 2\,HCl = FeCl_2 + H_2S.$$
$$88\ \ + \ \ 73\ \ = \ \ 127\ + \ 34.$$

$$88 : 44 = \ \ 34 : x; \quad x = 17\,g\ H_2S;$$
$$88 : 44 = 127 : x; \quad x = 63{,}5\,g\ FeCl_2.$$

19. Es sollen 100 kg Chlorwasserstoff hergestellt werden; wieviel Schwefelsäure und Chlornatrium sind dazu erforderlich?

$$2\,NaCl + H_2SO_4 = Na_2SO_4 + 2\,HCl.$$
$$117\ \ + \ \ 98\ \ = \ \ \ 142\ \ + \ \ 73.$$

$$73 : 100 = \ \ 98 : x; \quad x = 134{,}2\,kg\ H_2SO_4;$$
$$73 : 100 = 117 : x; \quad x = 160{,}3\,kg\ NaCl.$$

20. Wieviel g Mangansuperoxyd und Chlorwasserstoff sind erforderlich zur Herstellung von 100 g Chlor?

$$MnO_2 + 4\,HCl = MnCl_2 + 2\,H_2O + Cl_2.$$
$$87 \;+\; 146 \;=\; 126 \;+\; 36 \;+\; 71.$$

$$71 : 100 = 87 : x; \quad x = 122{,}5\ \text{g}\ MnO_2;$$
$$71 : 100 = 146 : x; \quad x = 205{,}6\ \text{g}\ HCl.$$

21. Wieviel Chlornatrium, Schwefelsäure und Mangansuperoxyd sind zur Herstellung von 100 g Chlor erforderlich?

$$MnO_2 + 2\,NaCl + 2\,H_2SO_4 = MnSO_4 + Na_2SO_4 + 2\,H_2O + Cl_2.$$
$$87 \;+\; 117 \;+\; 196 \;=\; 151 \;+\; 142 \;+\; 36 \;+\; 71.$$

$$71 : 100 = 117 : x; \quad x = 164{,}8\ \text{g}\ NaCl;$$
$$71 : 100 = 196 : x; \quad x = 276{,}0\ \text{g}\ H_2SO_4;$$
$$71 : 100 = 87 : x; \quad x = 122{,}5\ \text{g}\ MnO_2.$$

22. Wieviel Zinksulfat erhält man beim langsamen Rösten von 10 kg reiner Blende?

$$ZnS + 2\,O_2 = ZnSO_4.$$
$$97 \;+\; 64 \;=\; 161.$$

23. Wieviel kg kryst. essigsaures Blei und chromsaures Kalium sind zur Darstellung von 100 kg Chromgelb erforderlich?

$$Pb(C_2H_3O_2)_2 \cdot 3\,H_2O + K_2CrO_4 = PbCrO_4 + 2\,KC_2H_3O_2 + 3\,H_2O.$$
$$379 \;+\; 194 \;=\; 323 \;+\; 196 \;+\; 54.$$

24. Es sollen 100 g $CuSO_4 \cdot 5\,H_2O$ durch H_2S gefällt werden; wieviel FeS und H_2SO_4 sind dazu erforderlich?

$$CuSO_4 \cdot 5\,H_2O + H_2S = CuS + H_2SO_4 + 5\,H_2O;$$
$$249{,}5 \;+\; 34 \;=\; 95{,}5 \;+\; 98 \;+\; 90;$$

$$FeS + H_2SO_4 = FeSO_4 + H_2S.$$
$$88 \;+\; 98 \;=\; 152 \;+\; 34.$$

Da 1 gaeq Kupfersulfat zur Ausfällung 1 gaeq Schwefelwasserstoff gebraucht, zu dessen Darstellung je 1 gaeq Schwefeleisen und Schwefelsäure erforderlich ist, so kann man in der ersten Gleichung H_2S durch FeS und H_2SO_4 substituieren. Demnach:

$$249,5 : 100 = 88 : x; \quad 249,5 : 100 = 98 : x.$$

25. Wieviel Arsentrisulfid kann aus 36,3 g Arsentrichlorid durch Fällen mit Schwefelwasserstoff erhalten werden?

$$2\,AsCl_3 + 3\,H_2S = As_2S_3 + 6\,HCl.$$
$$363 \quad + \quad 102 \quad = \quad 246 \quad + \quad 219.$$

26. Wieviel g Antimontrisulfid und Chlorwasserstoff sind erforderlich zur Darstellung von 100 g Antimontrichlorid?

$$Sb_2S_3 + 6\,HCl = 2\,SbCl_3 + 3\,H_2S.$$
$$336 \quad + \quad 219 \quad = \quad 453 \quad + \quad 102.$$

27. 672 g Sb_2S_3 werden mit NaOH, Schwefel und Wasser gekocht; a) wieviel Schlippesches Salz: $Na_3SbS_4 \cdot 9\,H_2O$ kann dadurch erhalten werden, wenn 10 Proz. desselben in der Mutterlauge bleiben? b) wieviel HCl ist zur Zersetzung der Krystalle erforderlich?

a) $Sb_2S_3 = 336$ gibt hierbei $2\,(Na_3SbS_4 \cdot 9\,H_2O) = 958$, folglich: $336 : 672 = 958 : x;$ $x = 1916;$ $1916 - 192 = 1724$ g Schlippesches Salz.

b) $2\,Na_3SbS_4 + 6\,HCl = Sb_2S_5 + 6\,NaCl + 3\,H_2S.$
$$634 \quad + \quad 219 \quad = \quad 400 \quad + \quad 351 \quad + \quad 102.$$

28. Wieviel kg NaCl und wieviel l Schwefelsäure von 1,83 spez. Gew. (93 Proz. H_2SO_4) sind erforderlich, 100 l Chlorwasserstoffsäure von 1,149 spez. Gew. (30 Proz. HCl) zu liefern? Es soll, um starkes Erhitzen zu vermeiden, saures schwefelsaures Natrium gebildet werden.

$$NaCl + H_2SO_4 = NaHSO_4 + HCl.$$
$$58,5 \quad + \quad 98 \quad = \quad 120 \quad + 36,5.$$

Die 100 l Salzsäure wiegen $100 \cdot 1{,}149 = 114{,}9$ kg und enthalten $\dfrac{114{,}9 \cdot 30}{100} = 34{,}47$ kg HCl.

$$36{,}5 : 34{,}47 = 58{,}5 : x; \quad x = 55{,}25 \text{ kg NaCl};$$
$$36{,}5 : 34{,}47 = 98 : x; \quad x = 92{,}55 \text{ kg } H_2SO_4$$

$$= \dfrac{92{,}55 \cdot 100}{1{,}83 \cdot 93} = 54{,}38 \text{ l Schwefelsäure von } 1{,}83 \text{ spez.}$$

Gewicht.

29. Wieviel $FeCl_2$, Chlorwasserstoffsäure von 1,15 spez. Gew. (30 Proz.) und HNO_3 sind zur Darstellung von 2 kg Fe_2Cl_6 erforderlich?

$$2\,FeCl_2 + 2\,HCl + 2\,HNO_3 = Fe_2Cl_6 + 2\,H_2O + 2\,NO_2.$$
$$254 + 73 + 126 = 325 + 36 + 92.$$

$$325 : 2 = 254 : x; \quad x = 1{,}56 \text{ kg } FeCl_2.$$

$$325 : 2 = 73 : x; \quad x = 0{,}45 \text{ kg HCl} = \dfrac{0{,}45 \cdot 100}{1{,}15 \cdot 30}$$

$$= 1{,}304 \text{ l Salzsäure von } 1{,}15 \text{ spez. Gew.}$$

$$325 : 2 = 126 : x; \quad x = 0{,}775 \text{ kg } HNO_3.$$

30. Es sollen 100 l Ammoniakflüssigkeit von 0,92 spez. Gew. (21 Proz. NH_3) hergestellt werden; wieviel kg NH_4Cl und $Ca(OH)_2$ sind erforderlich?

$$2\,NH_4Cl + Ca(OH)_2 = 2\,NH_3 + 2\,H_2O + CaCl_2.$$
$$107 + 74 = 34 + 36 + 111$$

Die 100 l wiegen 92 kg und enthalten $\dfrac{92 \cdot 21}{100}$ $= 19{,}32$ kg NH_3; folglich:

$$34 : 19{,}32 = 107 : x; \quad x = 60{,}8 \text{ kg } NH_4Cl;$$
$$34 : 19{,}32 = 74 : x; \quad x = 42{,}0 \text{ kg } Ca(OH)_2.$$

31. Wieviel 12 proz. Ammoniak läßt sich aus 500 g Chlorammon herstellen? Wieviel gebrannter Kalk ist zur Zersetzung des letzteren nötig? und wieviel Wasser ist zur Absorption des Ammoniaks vorzulegen?

$$2\,NH_4Cl + CaO = 2\,NH_3 + CaCl_2 + H_2O.$$
$$107 \quad + \quad 56 \;=\; 34 \quad + \quad 111 \;+\; 18.$$

$$107 : 34 = 500 : x; \quad x = 159{,}4\,g\;NH_3.$$

12 proz. Ammoniak:

$$12 : 100 = 159{,}4 : x; \quad x = 1328\,g.$$

Die Menge des Calciumoxyds:

$$107 : 56 = 500 : x; \quad x = 261{,}5\,g.$$

Zur Bildung von 12 proz. Ammoniak sind nötig:

$$1328 - 159{,}4 = 1168{,}6\,g\;H_2O.$$

Nun wird bei der Reaktion selbst Wasser frei:

$$107 : 18 = 500 : x; \quad x = 84{,}2\,g.$$

Es sind also vorzulegen:

$$1168{,}6 - 84{,}2 = 1084\,g\;(ccm)\;Wasser.$$

32. Zu 1000 g Salpetersäure von 35 Proz. HNO_3 sind
a) wieviel H_2SO_4 und $NaNO_3$, b) wieviel KNO_3 erforderlich?

$$a)\quad NaNO_3 + H_2SO_4 = NaHSO_4 + HNO_3.$$
$$85 \quad + \quad 98 \;=\; 120 \quad + \quad 63.$$

$$63 : 350 = 98 : x; \quad 63 : 350 = 85 : x.$$

$$b)\quad KNO_3 + H_2SO_4 = KHSO_4 + HNO_3.$$
$$101 + \quad 98 \;=\; 136 \quad + \quad 63.$$

$$63 : 350 = 101 : x.$$

33. Wieviel kohlensaures Natrium könnte aus 234 g
Chlornatrium dargestellt werden, wenn kein Verlust
stattfände?

$$2\,NaCl + H_2SO_4 = Na_2SO_4 + 2\,HCl;$$
$$117 \quad + \quad 98 \;=\; 142 \quad + \quad 73;$$

$$Na_2SO_4 + 2\,C + CaCO_3 = Na_2CO_3 + CaS + 2\,CO_2.$$
$$142 \quad + 24 + 100 \;=\; 106 \quad + 72 + 88.$$

2 Mol. NaCl geben 1 Mol. Na_2SO_4 und dieses 1 Mol. Na_2CO_3; man kann daher für Na_2SO_4 auch Na_2CO_3 einsetzen, dann ergibt sich:

$$117 : 234 = 106 : x.$$

34. 100 kg Chlornatrium geben nach dem Ammoniaksodaverfahren wieviel Soda, und wieviel Kalk ist erforderlich, das gebildete Chlorammonium zu zersetzen?

$$NaCl + NH_4HCO_3 = NH_4Cl + NaHCO_3;$$
$$2\,NaHCO_3 = Na_2CO_3 + CO_2 + H_2O.$$

58,5 Teile NaCl geben 53 Teile Soda, folglich:

$$58,5 : 53 = 100 : x.$$

$$2\,NH_4Cl + CaO = CaCl_2 + 2\,NH_3 + H_2O.$$

35. 100 kg Chlorkalium geben nach dem Magnesiumverfahren wieviel Pottasche?

$$3\,MgCO_3 + 2\,KCl + CO_2 = 2\,MgKH(CO_3)_2 + MgCl_2;$$
$$2\,MgKH(CO_3)_2 = 2\,MgCO_3 + K_2CO_3 + H_2O + CO_2.$$
$$149 : 138 = 100 : x.$$

36. Wieviel Chlorkalium und Natriumnitrat müssen angewendet werden, um 100 kg Kaliumnitrat herzustellen, wenn 10 Proz. des erhaltenen Salpeters in der Mutterlauge bleiben?

$$KCl + NaNO_3 = KNO_3 + NaCl.$$
$$74,5 + \quad 85 \quad = \quad 101 \quad + 58,5.$$
$$101 : 110 = 74,5 : x; \quad 101 : 110 = 85 : x.$$

37. Wieviel kg Chlornatrium und Schwefelsäure sind zu 644 kg Glaubersalz erforderlich?

$$2\,NaCl + H_2SO_4 + 10\,H_2O = Na_2SO_4 \cdot 10\,H_2O + 2\,HCl.$$
$$117 \quad + \quad 98 \quad + \quad 180 \quad = \quad\quad 322 \quad\quad + \quad 73.$$
$$322 : 644 = 117 : x; \quad x = 234 \text{ kg } NaCl;$$
$$322 : 644 = \quad 98 : x; \quad x = 196 \text{ kg } H_2SO_4.$$

38. Wieviel Natriumcarbonat könnte von den 300 kg CO_2, welche bei Brohl täglich dem Boden entströmen, in Natriumbicarbonat übergeführt werden?

$$Na_2CO_3 + CO_2 + H_2O = 2\,NaHCO_3.$$
$$106 \;+\; 44 \;+\; 18 \;=\; 168.$$

39. Es sollen 1000 kg Chlorkalium dargestellt werden; wieviel Carnallit ist dazu erforderlich, und wieviel Chlormagnesium wird nebenbei erhalten?

$$KMgCl_3 \cdot 6\,H_2O = KCl + MgCl_2 + 6\,H_2O.$$
$$277{,}5 \;=\; 74{,}5 \;+\; 95 \;+\; 108.$$

40. Wieviel Borax: $Na_2B_4O_7 \cdot 10\,H_2O$ kann aus 100 kg Boracit erhalten werden?

$$Mg_7 \begin{cases} Cl_2 \\ B_{16}O_{30} \end{cases} = 895; \quad 4\,Na_2B_4O_7 \cdot 10\,H_2O = 1528.$$

41. Wieviel Chlor entwickeln 10 kg Braunstein, welcher 87 Proz. MnO_2, 5 Proz. Mn_3O_4 und 8 Proz. Gangart enthält, und wieviel Salzsäure von 32 Proz. ist dazu erforderlich?

Der Braunstein enthält also 8,7 kg MnO_2 und 0,5 kg Mn_3O_4; Aufgabe 20 und 21:

$$87 : 8{,}7 = 71 : x; \quad 87 : 8{,}7 = 146 : x;$$
$$229 : 0{,}5 = 71 : x; \quad 229 : 0{,}5 = 292 : x.$$

b) Organische Stoffe.

42. Wieviel Äther erhält man aus 100 kg Alkohol?

$$2\,C_2H_5OH = (C_2H_5)_2O + H_2O.$$

43. Zu 100 kg Essigsäure sind wieviel kg Alkohol und wieviel cbm[1]) atmosphärische Luft erforderlich, wenn 1 cbm Luft $= 1{,}293$ kg wiegt?

$$C_2H_5OH + O_2 = CH_3 \cdot COOH + H_2O.$$

---

[1]) Vgl. auch Nr. 68.

44. Wieviel Cyankalium erhält man durch Schmelzen von 100 kg Blutlaugensalz?

$$K_4Fe(CN)_6 = 4\,KCN + FeC_2 + N_2.$$

45. Zur Herstellung von 100 kg Berlinerblau ist wieviel Blutlaugensalz erforderlich?

$$3\,K_4Fe(CN)_6 + 2\,Fe_2Cl_6 = 12\,KCl + Fe_7(CN)_{18}.$$

46. 100 kg Benzol geben wieviel Nitrobenzol?

$$C_6H_6 + HNO_3 = C_6H_5NO_2 + H_2O.$$

47. 100 kg Nitrobenzol geben wieviel Anilin?

$$C_6H_5NO_2 + 3\,H_2 = C_6H_5NH_2 + 2\,H_2O.$$

48. Wieviel Benzotrichlorid ist zu 100 kg Benzoesäure erforderlich?

$$C_6H_5 \cdot CCl_3 + 2\,H_2O = C_6H_5 \cdot CO_2H + 3\,HCl.$$

49. Wieviel Pikrinsäure aus 100 kg Phenol?

$$C_6H_5 \cdot OH + 3\,HNO_3 = C_6H_2(NO_2)_3 \cdot OH + 3\,H_2O.$$

50. Wieviel Salicylsäure aus 100 kg Phenolnatrium?

$$2\,C_6H_5ONa + CO_2 = C_6H_5OH + C_6H_4 \cdot ONa \cdot COONa.$$

Das natriumsalicylsaure Natrium wird mit Salzsäure zerlegt, die Salicylsäure $C_6H_4 \cdot OH \cdot COOH$ krystallisiert. (Kolbesche Synthese.)

51. Wieviel Phthalsäure geben 100 kg Naphthalin?

$$C_{10}H_8 + 9\,O = C_6H_4(COOH)_2 + 2\,CO_2 + H_2O.$$

52. Wieviel Anthrachinon geben 100 kg Anthracen?

$$C_{14}H_{10} + 3\,O = C_{14}H_8O_2 + H_2O.$$

53. Wieviel Anthranilsäure erhält man aus 100 kg Phthalimid?

$$C_6H_4\!\!<\!\!{}^{CO}_{CO}\!\!>\!\!NH + NaOCl + 3\ NaOH = C_6H_4\!\!<\!\!{}^{CO_2Na}_{NH_2}$$
$$+\ NaCl + Na_2CO_3 + H_2O.$$

54. Zu 100 kg Benzanilid sind wieviel Anilin und Benzoylchlorid erforderlich?

$$C_6H_5 \cdot NH_2 + C_6H_5 \cdot CO \cdot Cl + K_2CO_3$$
$$=\ C_6H_5 \cdot NH \cdot CO \cdot C_6H_5 + KCl + KHCO_3.$$

Maßanalyse.

55. 200 mg Soda erfordern 10 ccm $^1/_5$ Normalsäure; wieviel Proz. Na_2CO_3 enthält dieselbe?

Da eine Normallösung im Liter 1 gaeq (Grammäquivalent), im ccm also 1 mgaeq (Milligrammäquivalent) enthält, so müssen sich gleiche Volumina der verschiedenen Normallösungen gegenseitig neutralisieren oder völlig ausfällen. 1 ccm einer Normalsäure, welche im Liter also 36,5 g HCl, 63 g HNO_3 oder 63 g $H_2C_2O_4 \cdot 2\ H_2O$, im ccm demnach ebensoviel mg enthält, wird genau von 1 ccm Normalalkalilösung gesättigt, die im Liter 56 g KOH, 40 g $NaOH$, 53 g Na_2CO_3 usw. enthält.

Da 10 ccm $^1/_5$ Normallösung = 2 ccm Normallösung, so enthalten die 200 mg Soda 2 mgaeq = 106 mg Na_2CO_3,

oder $\dfrac{106 \cdot 100}{200} = 53$ Proz. Na_2CO_3.

56. 2 ccm Natronlauge von 1,28 spez. Gew. erfordern 16,5 ccm Normalsäure; wieviel Proz. $NaOH$ sind darin enthalten?

Die 2 ccm wiegen offenbar 2,56 g und enthalten 16,5 mgaeq oder 0,0165 gaeq = 0,0165 · 40 = 0,66 g oder

$\dfrac{0,66 \cdot 100}{2,56} = 25,78$ Proz. $NaOH$.

57. 2 g rohe Pottasche werden in 25 ccm Normalsäure gelöst und erfordern dann 5 ccm Normalalkali zur beginnenden Bläuung; wieviel Proz. K_2CO_3 enthielt dieselbe?

Zur Neutralisation des K_2CO_3 sind nur 25 — 5, also 20 ccm, verwendet. Die 2 g Pottasche enthalten demnach 0,02 gaeq oder 1,38 g = 69 Proz. K_2CO_3.

58. 1 g Salzsäure erfordert 9 ccm Normalalkali; wieviel Proz. HCl enthält dieselbe?

Wenn die 1000 mg Salzsäure 9 ccm Normalalkali sättigen, so müssen sie auch 9 mgaeq = 328,5 mg HCl enthalten.

59. Wieviel KOH kann aus 100 l einer Pottaschelösung erhalten werden, wenn 1 ccm derselben 6 ccm Normalsäure erfordern?

$$K_2CO_3 + Ca(OH)_2 = 2\,KOH + CaCO_3.$$
$$2\,aeq + 2\,aeq = 2\,aeq + 2\,aeq.$$

Die fragliche Pottaschelösung enthält im Liter 6 gaeq, in 100 l also 600 gaeq K_2CO_3.

$$138 : 600 = 56 : x.$$

60. Es sollen 1000 l Natronlauge von 1,27 spez. Gew. (23,4 Proz. NaOH) hergestellt werden; wieviel l einer Sodalösung sind dazu erforderlich, wenn 5 ccm derselben 10 ccm Normalsäure neutralisieren? Die 1000 l wiegen 1270 kg und enthalten $\dfrac{1270 \cdot 23,4}{100}$ = 297 kg NaOH; also sind

$$80 : 297 = 286 : x; \quad x = 1062 \text{ kg } Na_2CO_3 \cdot 10\,H_2O$$

erforderlich. Die vorhandene Sodalösung enthält in 1 ccm 2 mgaeq, im Liter also 2 gaeq oder $2 \cdot 143 = 286$ g krystallisiertes Natriumcarbonat; folglich müssen $\dfrac{1062}{0,286} = 3713$ l derselben in Arbeit genommen werden.

61. Wieviel CaO muß zu 100 l einer Pottaschelösung gesetzt werden, um dieselbe ätzend zu machen, wenn 5 ccm derselben nach der Restmethode 17,5 ccm Normalsäure gebrauchen, und wieviel l Kalilauge wird erhalten, wenn 2 ccm derselben 10 ccm Normalsäure sättigen sollen?

Die Pottaschelösung enthält in 1 l 3,5, in 100 l 350 gaeq oder 24 150 g K_2CO_3. Nach Aufgabe 59 sind demnach auch 350 gaeq oder $350 \cdot 28 = 9800$ g CaO entsprechend $350 \cdot 37 = 12\,950$ g $= 12,95$ kg Calciumhydrat erforderlich und werden 350 gaeq KOH erhalten. Da nun aber die verlangte Kalilauge in 1 l 5 gaeq enthalten soll, so werden sich 70 l Lauge ergeben.

62. Wieviel kg $FeSO_4 \cdot 7\,H_2O$ können aus 10 hl einer Eisenvitriollösung erhalten werden, wenn 10 ccm derselben 7,5 ccm Normalpermanganat reduzieren?

Übermangansaures Kalium zersetzt sich in saurer Lösung in Gegenwart oxydierbarer Körper nach der Gleichung:

$$2\,KMnO_4 + 3\,H_2SO_4 = 2\,MnSO_4 + K_2SO_4 + 3\,H_2O + 5\,O.$$

Eine Normallösung desselben, d. h. eine solche, welche 1 Atom Wasserstoff äquivalent ist, muß demnach in 1 l 0,2 Mol. in Grammen, also $158 \cdot 0,2 = 31,6$ g $KMnO_4$, enthalten. In saurer Lösung zersetzt sie sich mit Ferroverbindungen nach folgender Gleichung:

$$2\,KMnO_4 + 10\,FeSO_4 + 8\,H_2SO_4$$
$$10\ \text{aeq} \qquad 20\ \text{aeq}$$
$$= 5\,Fe_2(SO_4)_3 + 2\,MnSO_4 + K_2SO_4 + 8\,H_2O.$$

Es würden also 2 aeq einer Ferrolösung durch 1 ccm Chamäleon oxydiert. 1 l obiger Lösung enthält 1,5, die 1000 l also 1500 gaeq $= 1500 \cdot 139 = 208\,500$ g oder 208,5 kg $FeSO_4 \cdot 7\,H_2O$.

63. 1 g Braunstein wird mit 25 ccm Normaloxalsäure und 4 ccm H_2SO_4 übergossen. Wenn die CO_2-Entwicklung aufgehört hat, wird erwärmt, mit 200 ccm Wasser verdünnt und die nicht zersetzte Oxalsäure mit Kaliumpermanganat zurücktitriert. Es sind 7 ccm Oxalsäure nicht zersetzt; wieviel Proz. MnO_2 sind in dem Braunstein enthalten?

$$MnO_2 + H_2C_2O_4 + H_2SO_4 = MnSO_4 + 2\,CO_2 + 2\,H_2O.$$

1 Mol. MnO_2 erfordert also 1 Mol. oder, da Oxalsäure zweibasisch ist, 2 aeq $H_2C_2O_4$. 1 ccm Normaloxalsäure wird also durch $\dfrac{87}{2} = 43{,}5$ mg MnO_2 zersetzt. Der vorliegende Braunstein enthält demnach $(25 - 7) \cdot 43{,}5 = 783$ mg MnO_2 oder 78,3 Proz.

Gasvolumina.

Um die Volumina verschiedener Gase vergleichen zu können, werden sie gewöhnlich auf einen Druck von 760 mm (Normaldruck) berechnet:

$$V = \frac{v \cdot B}{760}.$$

Ferner ist nach dem Gay-Lussac-Daltonschen Gesetz bei gleichbleibendem Druck der Ausdehnungskoeffizient der Gase für jeden Grad $= 0{,}00367$, d. h. 100 ccm Wasserstoff von $0°$ nehmen bei $10°$ 103,67 ccm ein. Demnach:

$$V = \frac{v}{1 + (0{,}00367 \cdot t)}.$$

Beide Formeln vereinigt:

$$V = \frac{v \cdot B}{760 \cdot [1 + (0{,}00367 \cdot t)]}.$$

64. 100 ccm Wasserstoff bei 19° und 750 mm Bar. sind bei 0° und 760 mm gleich

$$\frac{100 \cdot 750}{760 \cdot [1 + (0{,}00367 \cdot 19)]} = 92{,}2 \text{ ccm.}$$

Ist das Gas feucht, so erhält man den wahren Druck, unter welchem sich dasselbe befindet, durch Abzug der Tension des Wasserdampfes (*e*) von dem scheinbaren Drucke:[1]

$$V = \frac{v \cdot (B - e)}{760 \,(1 + 0{,}00367\, t)}.$$

65. Welches Volumen nehmen 100 ccm eines Gases von 0° ein, wenn dasselbe bei unverändertem Druck auf 100° erwärmt wird?

$$100 \cdot (1 + 0{,}00367 \cdot 100) = 136{,}7 \text{ ccm.}$$

66. Desgleichen, wenn es auf —100° abgekühlt würde?

$$\frac{100}{1 + 0{,}00367 \cdot 100} = 73{,}17 \text{ ccm.}$$

Folgende Tabelle enthält die Werte für die Spannkraft *e* und den Wassergehalt *f* von 1 cbm Luft bei dem Taupunkt *t*.

t Grad	e mm	f g	t Grad	e mm	f g	t Grad	e mm	f g
0	4,6	4,9	13	11,1	11,3	26	25,0	24,2
1	4,9	5,2	14	11,9	12,0	27	26,5	25,6
2	5,3	5,6	15	12,7	12,8	28	28,1	27,0
3	5,7	6,0	16	13,5	13,6	29	29,8	28,6
4	6,1	6,4	17	14,4	14,5	30	31,6	30,1
5	6,5	6,8	18	15,4	15,1	40	54,9	50,8
6	7,0	7,3	19	16,3	16,2	50	92,0	82,5
7	7,5	7,7	20	17,4	17,2	60	148,8	129,9
8	8,0	8,1	21	18,5	18,2	70	233,1	198,0
9	8,5	8,8	22	19,7	19,3	80	354,6	293,4
10	9,1	9,4	23	20,9	20,4	90	525,4	423,9
11	9,8	10,0	24	22,2	21,5	100	760,0	598,7
12	10,4	10,6	25	23,6	22,9			

[1] Vgl. dazu W e n d r i n e r, Ztschr. f. angew. Chemie 1914, S. 183.

67. 10 ccm eines Gases sind bei $10°$ und $759{,}1$ mm feucht gemessen. Wie groß ist das reduzierte Volumen?

$$\frac{10 \cdot (759{,}1 - 9{,}1)}{760 \cdot [1 + (0{,}00367 \cdot 10)]} \, .$$

68. 100 ccm Wasserstoff sind über Wasser bei $20°$ und $757{,}4$ mm aufgefangen. Wie groß ist das Volumen, wenn das Gas getrocknet und auf Normaldruck und Normaltemperatur gebracht wird?

$$\frac{100 \, (757{,}4 - 17{,}4)}{760 \cdot (1 + 0{,}00367 \cdot 20)} \, .$$

Für alle Gase erleichtert man die Berechnungen bedeutend, wenn man, statt das Gewicht des Gases zu berechnen und aus diesem das Volumen, das Molekularvolumen aller Gase in die Gleichung einsetzt.

Für $O = 16$ enthält nach Berthelot[1]) in folgender Zusammenstellung die erste Reihe die Bezeichnung der Gase; die zweite ihre Molekulargewichte M; die dritte die Dichte d, bezogen auf Luft; die vierte das Gewicht m eines Normalliters Gas, zurückgeführt auf die Temperatur $t = 0°$, den Druck $p = 1$ Atmosphäre, die mittl. geogr. Breite $\lambda = 45°$, die Höhe über dem Meeresspiegel $H = 0 \, m$; die fünfte Reihe v_0 enthält in Litern den von einem Gramm-Molekül des Gases eingenommenen Raum, die letzte Reihe enthält das Volumen V_0, welches unter den normalen Bedingungen ein Gramm-Molekül eines vollkommenen Gases einnehmen würde.

	M	d	m in g	v_0 in l	V_0
H_2 . . .	2,016	0,06948	0,08982	22,445	22,430
CO . .	28,00	0,96702	1,25010	22,398	22,408
O_2 . . .	32,00	1,10523	1,42876	22,397	22,414
CO_2 . .	44,00	1,5288	1,97625	22,264	22,414
C_2H_2 . .	26,016	0,9056	1,17070	22,223	22,411

[1]) Ztschr. f. Elektrochemie 1904, S. 621.

Danach kann man das Gramm-Molekül eines jeden Gases oder Dampfes, reduziert auf 0° und 760 mm, für $O = 16$ mit 22,4 l einsetzen; folglich

$$
\begin{aligned}
1 \text{ Mol in kg} \ldots\ldots\ldots &= 22,4 \text{ cbm} \\
1 \text{ „ „ g} \cdot\ldots\ldots\ldots &= 22,4 \text{ l} \\
1 \text{ „ „ mg} \ldots\ldots\ldots &= 22,4 \text{ ccm}.
\end{aligned}
$$

Die Gewichte von 1 l der Gase auf irgendeinem Breitegrade bei $H\,m$ Seehöhe erhält man aus den für $\lambda = 45°$ bei $H = 0\,m$ ($760\,{}^{m}/_{m}$) angegebenen durch Multiplikation mit dem Faktor $f = (1 - 0,002644 \cdot \cos 2\lambda + 0,000007 \cos^2 2\lambda) - 0,000\,3086\,H$.

69. 13 kg Zink werden in verdünnter Schwefelsäure gelöst. Wieviel H_2SO_4 ist erforderlich und wieviel Wasserstoff wird erhalten?

$$
\begin{aligned}
Zn + H_2SO_4 &= ZnSO_4 + H_2. \\
65 + \quad 98 \quad &= \quad 161 \quad + 2\,G = 22,4\,V.
\end{aligned}
$$

Demnach geben

$$
\begin{aligned}
65 \text{ mg Zink } 2 \text{ mg oder } &= 22,4 \text{ ccm Wasserstoff,} \\
65 \text{ g } \quad\quad\text{ „ } 2 \text{ g } \quad\text{ „ } &= 22,4 \text{ l} \quad\quad\quad\quad\quad \text{ „} \\
65 \text{ kg } \quad\text{ „ } 2 \text{ kg } \quad\text{ „ } &= 22,4 \text{ cbm} \quad\quad\quad\quad \text{ „}
\end{aligned}
$$

$$
\begin{aligned}
65 : 13 &= 98 : x; \quad x = 19,6 \text{ kg } H_2SO_4; \\
65 : 13 &= \ \ 2 : x; \quad x = 0,4 \text{ kg Wasserstoff;} \\
65 : 13 &= 22,4 : x; \quad x = 4,5 \text{ cbm Wasserstoff.}
\end{aligned}
$$

70. Wieviel Wasserstoff wird erhalten beim Lösen von 32,5 g Zink in HCl?

$$
\begin{aligned}
Zn + 2\,HCl &= ZnCl_2 + H_2. \\
65 + \quad 73 \quad &= \quad 136 \quad + 22,4\,V.
\end{aligned}
$$

$$
65 : 32,5 = 22,4 : x; \quad x = 11,2 \text{ l Wasserstoff.}
$$

71. Wieviel Sauerstoff und Kaliumchlorid erhält man durch Glühen von 490 g Kaliumchlorat?

$$
\begin{aligned}
2\,KClO_3 &= 2\,KCl + 3\,O_2. \\
245 \quad &= \quad 149 \quad + 67,2\,V.
\end{aligned}
$$

$$
245 : 67,2 = 490 : x; \quad x = 134,4 \text{ l Sauerstoff.}
$$

72. Wieviel l Acetylen entwickelt 1 kg reines Calciumcarbid?

$$CaC_2 + 2\,H_2O = CaH_2O_2 + C_2H_2.$$
$$64 \;+\; 36 \;=\; 74 \;+\; 22,4\,V.$$

73. Wieviel g kohlensaures Calcium und Chlorwasserstoff sind erforderlich, um 100 l CO_2 darzustellen?

$$CaCO_3 + 2\,HCl = CaCl_2 + H_2O + CO_2.$$
$$100 \;+\; 73 \;=\; 111 \;+\; 18 \;+\; 22,4\,V.$$

$$22,4 : 100 = 100 : x; \quad x = 446\ \text{g}\ CaCO_3;$$
$$22,4 : 100 = 73 : x; \quad x = 326\ \text{g}\ HCl.$$

74. Ein Gasometer von 400 mm Durchmesser und
2 m Höhe soll mit Wasserstoff gefüllt werden. Wieviel
Zink und Schwefelsäure sind erforderlich?

Der Inhalt des Gasometers ist (als Zylinder angenommen
$= r^2\pi\,h$) $2 \cdot 2 \cdot 3,14 \cdot 20 = 251,2$ cdm oder l. Folglich:

$$22,4 : 251,2 = 98 : x; \quad x = 1099\ \text{g Schwefelsäure};$$
$$22,4 : 251,2 = 65 : x; \quad x = 729\ \text{g Zink}.$$

75. Wieviel Zink und wieviel ccm Chlorwasserstoffsäure
von 1,123 spez. Gew. (25 Proz. HCl) sind erforderlich zum
Füllen eines Gasometers von 400 mm Radius und 2 m
Höhe mit Wasserstoff?

Der Inhalt des Gasometers ist $4 \cdot 4 \cdot 3,14 \cdot 20 = 1005$ l;
folglich:

$$22,4 : 1005 = 65 : x; \quad x = 2916\ \text{g Zink};$$
$$22,4 : 1005 = 73 : x; \quad x = 3275\ \text{g}\ HCl = \frac{3275 \cdot 100}{25}$$
$$= 13\,100\ \text{g Salzsäure von 25 Proz. HCl}.$$

Da nun spez. Gewicht $= \dfrac{G}{V}$, so ist $G = $ spez. Gew. $\times V$
und $V = \dfrac{G}{\text{spez. Gew.}}$; da ferner bei festen und flüssigen
Substanzen Wasser als Einheit des spez. Gew. gilt, so ist
das spez. Gew. dieser Körper auch $=$ dem Gewichte von

1 ccm in Grammen (eines l in kg, eines cbm in t oder 1000 kg).

1 ccm dieser Salzsäure wiegt also 1,123 g, 1 l = 1,123 kg, 1 cbm = 1,123 t = 1123 kg und 1 cmm = 1,123 mg. Demnach $\dfrac{13\,100}{1,123} = 11\,665$ ccm oder 11,665 l Salzsäure von 1,123 spez. Gew.

76. Wieviel Kohlensäure wird bei der Herstellung von 100 kg reinem Alkohol entwickelt?

$$\underset{}{C_6H_{12}O_6} = 2\,C_2H_6O + \underset{44,8\text{ cbm}}{2\,CO_2}.$$

Luftballon.

77. Ein Ballon von 4 m Radius (als Kugel genommen) soll mit Wasserstoff gefüllt werden. Wieviel kg Eisen und wieviel l Salzsäure von 1,16 spez. Gew. (32,32 Proz. HCl) sind dazu erforderlich?

Der Inhalt des Ballons beträgt

$$\frac{4 \cdot r^3 \cdot \pi}{3} = \frac{4 \cdot 4^3 \cdot \pi}{3} = \frac{4^4 \cdot 3,14}{3} = 268 \text{ cbm};$$

folglich:

$$22,4 : 268 = 56 : x; \quad x = 670 \text{ kg Eisen};$$
$$22,4 : 268 = 73 : x; \quad x = 873,4 \text{ kg HCl} = \frac{873,4 \cdot 100}{32,32}$$
$$= 2702 \text{ kg} = \frac{2702}{1,16} = 2329 \text{ l Salzsäure von 1,16 spez. Gew.}$$

78. Zur Füllung eines Zeppelinschen Luftschiffes sind 12 000 cbm Wasserstoff erforderlich. Wieviel Wasser müßte man dazu elektrolysieren und wieviel Sauerstoff bekäme man dabei?

$$2\,H_2O = 2\,H_2 + O_2.$$
$$36 = 44,8 + 22,4 \; V.$$

79. Wie groß ist die Tragkraft eines Ballons in verschiedenen Höhen?

Bedeutet v das Volumen des Ballons, d_h das spez. Gew. des Füllgases in der Höhe h, s_h das spez. Gew. der Luft in der gleichen Höhe, so ist das Gewicht des Ballons in der Höhe $h = v \cdot d_h$, das der verdrängten Luft $= v \cdot s_h$. Mithin beträgt die Tragkraft in der Höhe h:

$$B_h = v\,(s_h - d_h).$$

Da die Dichten von Füllgas und Luft vom Luftdruck und daher von der Höhe h abhängen, so gilt dies auch für die Tragkraft B_h. Bezeichnen wir die Dichten beider Gase auf dem Erdboden mit dem Index 0, so ist nach dem Boyleschen Gesetz $s_h : s_0 = d_h : d_0$, und daher

$$B_h = v \cdot s_h \left(1 - \frac{d_h}{s_h}\right) = v \cdot s_h \left(1 - \frac{d_0}{s_0}\right).$$

Nach der sog. hypsometrischen Formel nimmt der Quotient $\dfrac{s_h}{s_0}$ mit wachsender Höhe h nach einer Gleichung

$$\frac{s_h}{s_0} = e^{-kh}$$

ab. Daher wird

$$B_h = v \cdot s_0\, e^{-kh} \left(1 - \frac{d_0}{s_0}\right) = v\, e^{-kh}\,(s_0 - d_0).$$

Die Tragkräfte verschiedener Ballons, die sich in gleicher Höhe befinden, stehen also im Verhältnis der Ballonvolumina und sind den Dichtedifferenzen von Luft und Füllgas am Erdboden proportional.

Die folgende kleine Tabelle gibt nach Sackur die Zahlenwerte des Faktors e^{-kh} für verschiedene Höhen, unter der allerdings nur sehr angenähert richtigen Annahme, daß die Temperatur in der Atmosphäre konstant ist und die Unterschiede des Luftdruckes in den verschiedenen Höhen lediglich durch die Höhe der Luftsäule und nicht durch meteorologische Verhältnisse bedingt sind.

$$\text{(in m)} \qquad \frac{s\,h}{s_0} = e^{-kh}$$

(in m)	$\frac{s\,h}{s_0} = e^{-kh}$
500	0,937
1000	0,882
1500	0,829
2000	0,779
2500	0,731
3000	0,687
4000	0,606
5000	0,535

Die Tragfähigkeit eines Ballons nimmt also unter sonst gleichen Umständen mit wachsender Höhe stark ab und muß durch entsprechende Ballastausgabe kompensiert werden.

Bei Berücksichtigung der Tabelle genügt es, die Tragfähigkeit verschiedener Füllgase bei einer einzigen Höhe miteinander zu vergleichen. Wählt man eine Höhe von 1000 m, so geht die Formel für die Tragkraft eines Ballons über in die Gleichung $B_{1000} = v \cdot 0{,}882\, s_0 \left(1 - \dfrac{d_0}{s_0}\right)$. Zählt man das Volumen v in Kubikmetern, so wird s das Gewicht von 1 cbm Luft, für $0°$ und 760 mm Druck $= 1{,}29$ kg. $\dfrac{d}{s}$ ist die relative Dichte des Füllgases, bezogen auf Luft $= 1$. Für einen Ballon von 1000 cbm Inhalt erhält man also für Gase verschiedener Dichte folgende Tragkräfte in 1000 m Höhe.

$\dfrac{d_0}{s_0}$	B_{1000}	$\dfrac{B_{1000}}{0{,}882}$
0,07 (H$_2$)	1058	1200 kg
0,10	1022	1160 ,,
0,20	908	1030 ,,
0,30	793	900 ,,
0,40	682	774 ,,
0,45 (Leuchtgas)	662	710 ,,

Die Größen der letzten Spalte, welche die Tragkraft am Erdboden darstellen, bezeichnet man als „Auftrieb" eines Ballons. Danach verhält sich der Auftrieb eines mit Wasserstoff gefüllten Ballons zum Auftrieb eines mit Leuchtgas gefüllten wie $1200 : 710 = 1 : 0,592$.

80. Wieviel Gas geht beim Aufstieg auf $h_1 = 1000$ und $h_2 = 3000$ m Höhe verloren, wenn der Luftballon von 1400 cbm auf der Erdoberfläche prall a) mit Wasserstoff und b) mit Leuchtgas gefüllt war? Wieviel kg Ballast muß ausgeworfen werden, damit der Ballon prall von der Gleichgewichtslage in 1000 m Höhe bis zu 3000 m steigt, a) bei Füllung mit Wasserstoff, b) bei Füllung mit Leuchtgas?

Der Gewichtsverlust beträgt $v (d_0 - d_1)$ bzw. $v (d_0 - d_2)$ g Gas. Nach Sackur ist Wasserstoff

$$d_0 - d_1 = 0,0695 \, (0,00129 - 0,00114)$$
$$= 0,0685 \cdot 0,00015 = 1,04 \cdot 10^{-5},$$
$$d_0 - d_2 = 0,0695 \, (0,00129 - 0,000885)$$
$$= 0,0695 \cdot 0,000405 = 2,81 \cdot 10^{-5},$$

also Gewichtsverlust

$$G_1 = 1400 \cdot 10^6 \cdot 1,04 \cdot 10^{-5} \, g = 14,56 \text{ kg},$$
$$G_2 = 1400 \cdot 10^6 \cdot 2,81 \cdot 10^{-5} \, g = 39,3 \text{ kg}.$$

Für Leuchtgas ist entsprechend

$$G_1 = 1400 \cdot 10^6 \cdot 6,45 \cdot 10^{-5} \, g = 90,3 \text{ kg},$$
$$G_2 = 1400 \cdot 10^6 \cdot 1,74 \cdot 10^{-4} \, g = 243,6 \text{ kg}.$$

Der auszuwerfende Ballast ist gleich der Differenz der Tragkraft in den Höhen 1000 und 3000 m, also

$$\text{für Wasserstoff} \quad 1485 - 1150 = 335 \text{ kg},$$
$$\text{für Leuchtgas} \quad \ \ 910 - \ \ 706 = 204 \text{ kg}.$$

Schwefelsäure.

81. Wieviel Schwefeldioxyd erhält man beim Verbrennen von 100 kg Schwefel?

$$S + O_2 = SO_2.$$
$$32 + 32 = 64.$$
$$22,4 = 22,4.$$

$$32 : 64 = 100 : x \text{ kg}; \quad 32 : 22,4 = 100 : x \, V.$$

82. Wieviel Schwefeldioxyd und Eisenoxyd geben 100 kg Schwefelkies?

$$4\,FeS_2 + 11\,O_2 = 2\,Fe_2O_3 + 8\,SO_2.$$
$$480 \quad + \quad 352 \; = \quad 320 \quad + \quad 512 = 179,2 \, V.$$

83. Wieviel Schwefeldioxyd und Zinkoxyd aus 100 kg Zinkblende?

$$2\,ZnS + 3\,O_2 = 2\,ZnO + 2\,SO_2.$$
$$194 \; + \; 96 \; = \quad 162 \; + 128 = 44,8 \, V.$$

84. Wieviel Bleioxyd und Schwefeldioxyd aus 100 kg Bleiglanz?

$$2\,PbS + 3\,O_2 = 2\,PbO + 2\,SO_2.$$

85. Wieviel Schwefeldioxyd können die beim Verbrennen von Schwefel in atmosphärischer Luft erhaltenen Gase enthalten?

$$S + O_2 = SO_2.$$
$$22,4 \quad 22,4.$$

Also 21 Proz.

86. Desgleichen die von Schwefelkies?

$$4\,FeS_2 + 11\,O_2 = 2\,Fe_2O_3 + 8\,SO_2.$$
$$11 \cdot 22,4 \qquad\qquad 8 \cdot 22,4.$$

11 Volumen Sauerstoff geben 8 Volumen SO_2. 100 Volumen atmosphärische Luft enthalten 21 Volumen Sauerstoff und 79 Volumen Stickstoff. 21 Volumen Sauerstoff geben demnach: $11 : 21 = 8 : x$; $x = 15{,}27$ Volumen SO_2, also $\dfrac{15{,}27}{15{,}27 + 79} \cdot 100$ Proz. $= 16{,}18$ Proz.

87. Desgleichen die von Blende?
$$2\,ZnS + 3\,O_2 = 2\,ZnO + 2\,SO_2.$$
$$3 \cdot 22{,}4 \qquad\qquad 2 \cdot 22{,}4.$$

Hier geben 3 Volumen Sauerstoff 2 Volumen Schwefeldioxyd, 100 Volumen Luft also 14 Volumen SO_2 und 79 Volumen Stickstoff, somit 15,05 Proz. Schwefeldioxyd.

88. Wieviel Sauerstoff würden die Röstgase von Schwefelkies enthalten, welche 8 Proz. SO_2 enthalten, wenn kein SO_3 gebildet würde?

Nach Aufgabe 71 entsprechen bei dem Verbrennen von Schwefelkies 8 Volumen SO_2 11 Volumen O_2. In 100 Volumen atmosphärischer Luft sind enthalten 21 Volumen O_2. Also sind $21 - 11 = 10$ Teile oder $\dfrac{10 \cdot 100}{79 + 8 + 10}$ $= 10{,}3$ Proz. in den Röstgasen enthalten.

89. In einer Schwefelsäurefabrik kommen täglich 6200 kg 79,5 proz. Pyrites zur Abröstung.

a) Wie groß muß das Kammersystem sein, wenn für 1 kg wirklich abgerösteten Schwefels und 24 Stunden 1,2 cbm Kammerraum kommen, und 94 Proz. des Gesamtschwefels ausgenützt werden?

Kammerraum $= 2965$ cbm.

b) Wieviel Natronsalpeter (von 97 Proz. Gehalt) wird in 24 Stunden verbraucht, wenn der Bedarf an reinem Salpeter 3,5 Teile pro 100 kg Schwefels ist?

Natronsalpeter 94,85 kg in 24 Stunden.

c) Wieviel cbm Luft müssen theoretisch dem Röstofen pro Minute zugeführt werden, wenn die aus der Bleikammer entweichenden Gase noch $5^1/_2$ Proz. Sauerstoff enthalten sollen?

Die Schwefelsäurebildung verläuft schematisch nach der Gleichung:

$$4\,FeS_2 + 15\,O_2 + 8\,H_2O = 2\,Fe_2O_3 + 8\,H_2SO_4.$$

Auf 8 Grammatome = 256 g Schwefel sind also 30 Grammatome = 480 g Sauerstoff erforderlich. Der Sauerstoffbedarf für 1 kg Pyritschwefel berechnet sich danach zu

$$\frac{480}{256}\,kg = \frac{480}{256 \cdot 1{,}429}\,cbm = 1{,}31\,cbm, \quad \text{entsprechend}$$

$$\frac{480 \cdot 100}{256 \cdot 1{,}429 \cdot 21}\,cbm = 6{,}25\,cbm\,\text{Luft.}$$

In den Abgasen, die aus $6{,}25 - 1{,}31 = 4{,}94$ cbm Stickstoff bestehen, sollen nach der Aufgabe $5^1/_2$ Proz. Sauerstoff enthalten sein; derselbe wird ganz mit der Luft zugeführt. Es besteht dann die Beziehung: Sauerstoff in den Abgasen gleich Sauerstoff in der zugeführten Luft, also wenn x cbm überschüssiger Luft zugeführt werden:

$$\frac{(4{,}94 + x) \cdot 5{,}5}{100} = \frac{21\,x}{100},$$

woraus $x = 1{,}75$ cbm Luft. Der Gesamtluftbedarf für 1 kg Schwefel ist also $6{,}25 + 1{,}75 = 8{,}00$ cbm.

Im vorstehenden Pyrit sind $\dfrac{6200 \cdot 79{,}5 \cdot 64}{100 \cdot 120} = 2628{,}8\,kg$ Schwefel enthalten, die in 24 Stunden verbrannt werden.

Der Luftbedarf ist also $\dfrac{2628{,}8 \cdot 8{,}00}{24 \cdot 60} = 14{,}60$ cbm pro Minute.

———

3*

Sprengstoffe.

90. Wieviel Salpeter, Kohle und Schwefel muß man zu 100 g Schießpulver nehmen?

Noble und Abel geben folgende Zersetzungsgleichung für Schwarzpulver:

$$20\ KNO_3 + 10\ S + 30\ C = 6\ K_2CO_3 + K_2SO_4 + 3\ K_2S_3$$
$$2020 \quad + 320 + 360 = \quad 828 \quad + \quad 174 \quad + 522$$

$$+ 14\ CO_2 + 10\ CO + 10\ N_2.$$
$$+ \quad 616 \quad + \quad 280 \quad + \quad 280.$$

$$2700 : 100 = 2020 : x; \quad x = 74,82\ g\ \text{Salpeter};$$
$$2700 : 100 = \ 320 : x; \quad x = 11,85\ g\ \text{Schwefel};$$
$$2700 : 100 = \ 360 : x; \quad x = 13,33\ g\ \text{Kohle}.$$

91. Ein Pulver: $16\ KNO_3 + 20,7\ C + 6,8\ S = 3,885\ K_2CO_3 + 13,8\ CO_2 + 1,428\ K_2SO_4 + 3\ CO + 2,686\ K_2S_2 + 8\ N_2$ gibt 24,8 Mol. Gase für 2082 g Pulver, somit für 1 g $= 266,7$ ccm von $0°$.

Die Wärmemenge für jedes Verbrennungsprodukt wird erhalten, wenn man den betreffenden Koeffizienten in obiger Gleichung mit der Bildungswärme multipliziert:

$3,885\ (K_2CO_3)$	geben	$3,885 \cdot 282\ 100$[1])	$= 1\ 095\ 958$	WE
$1,428\ (K_2SO_4)$	,,	$1,428 \cdot 344\ 300$	$= \ 491\ 660$	,,
$2,686\ (K_2S_2)$	,,	$2,686 \cdot 108\ 000$	$= \ 290\ 088$	,,
$13,810\ (CO_2)$	,,	$13,81 \cdot 97\ 000$	$= 1\ 339\ 569$	,,
$3,000\ (CO)$	,,	$3,00 \cdot 29\ 000$	$= \ 87\ 000$	,,

$$3\ 304\ 275\ \text{WE}$$

Geht ab die Bildungswärme von 16 Mol.

Salpeter $= 16 \cdot 119\ 000$ . . . . $1\ 904\ 000$,,

$$1\ 400\ 275\ \text{WE}.$$

Diese Wärmemenge wird von 2082 kg Pulver geliefert. Demgemäß gibt 1 kg $1\ 400\ 275 : 2082 = 672,6$ WE.

---

[1]) Die entsprechenden Zahlen finden sich im Kapitel „Wärme", Nr. 146.

92. Wieviel ccm Gas gibt 1 g Schießbaumwolle bei der Explosion, wenn die Verbrennungstemperatur zu 2000° angenommen wird und die Verbrennung nach der Gleichung

$$C_{24}H_{29}O_9(O \cdot NO_2)_{11} = 15\ CO + 9\ CO_2 + 9\ H_2O + 5{,}5\ H_2 + 5{,}5\ N_2$$

erfolgt?

93. Wieviel ccm Gas gibt 1 kg Knallquecksilber bei der Explosion, wenn die Verbrennungstemperatur zu 3000° angenommen wird und die Explosion nach der Gleichung

$$HgC_2N_2O_2 = Hg + 2\ CO + N_2$$

erfolgt?

94. Verbrennungstemperatur von Schwarzpulver im Vergleich mit Nitrocellulose berechnete W u i c h (J. 1891):

1. Schwarzpulver:

$$2\ KNO_3 + 3\ C + S = K_2S + 3\ CO_2 + 2\ N.$$

2. Pulver mit 1 Mol. Trinitrocellulose und 2 Mol. Dinitrocellulose:

$$C_6H_7(NO_2)_3O_5 + 2\ C_6H_8(NO_2)_2O_5$$
$$= CO_2 + 17\ CO + 10\ H_2O + 7\ N + 3\ H.$$

3. Pulver mit 1 Mol. Trinitrocellulose und 1 Mol. Dinitrocellulose:

$$2\ C_6H_7(NO_2)_3O_5 + 2\ C_6H_8(NO_2)_2O_5$$
$$= CO_2 + 23\ CO + 15\ H_2O + 10\ N.$$

4. Pulver mit 2 Mol. Trinitrocellulose und 1 Mol. Dinitrocellulose:

$$2\ C_6H_7(NO_2)_3O_5 + C_6H_8(NO_2)_2O_5$$
$$= CO_2 + 16\ CO + 11\ H_2O + 8\ N.$$

5. Pulver aus reiner Trinitrocellulose:

$$2\ C_6H_7(NO_2)_3O_5 = 3\ CO_2 + 9\ CO + 7\ H_2O + 6\ N.$$

6. Nobelsches Ballistit (1 Teil Nitroglycerin, 1 Teil Dinitrocellulose):

$$10\ C_3H_5(NO_2)_3O_3 + 9\ C_6H_8(NO_2)_2O_5$$
$$= 26\ CO_2 + 58\ CO + 61\ H_2O + 48\ N.$$

7. Nitroglycerin:

$$2\ C_3H_5(NO_2)_3O_3 = 6\ CO_2 + 5\ H_2O + 6\ N + O.$$

95. Die Berechnung des bei der Explosion entstehenden Gasvolumens und der freiwerdenden Wärmemenge ist nach dem vorhergehenden, die Berechnung der theor. Verbrennungstemperatur nach dem im Kapitel „Wärme" Gesagten einfach. Für die Feststellung der Arbeitsleistung (ausgedrückt in Meterkilogramm) ist die Wärmemenge in WE mit 427 (mechanisches Wärmeäquivalent, 1 WE = 427 mkg) zu multiplizieren.

Biedermann macht folgende Angaben (für je 1 kg Sprengstoff):

	Schwarz-pulver	Nitro-glycerin	Schieß-baum-wolle	Spreng-gelatine	Knall-queck-silber
Volumen (0°) in l .	281	713	859	708	315
Wärmemenge in WE	577	1469	1039	1535	411
Arbeitsleistung in mkg	245 225	624 673	441 723	652 375	174 772
Temperatur $t°$ . . .	2440°	3153°	2663°	3203°	3453°
Spez. Druck f in kg	2884	9281	9594	9332	4450

Der spezifische Druck f (vgl. untere Reihe der Tabelle) ist für jeden Sprengstoff eine bestimmte Größe, die sich aus der Formel:

$$f = \frac{1,033 \cdot v_0 \cdot (273 + t)}{273}$$

berechnet, wo f der in kg/qcm ausgedrückte Druck der Gase ist, die aus 1 kg des Sprengstoffes bei der Explosionstemperatur $t°$ C in der Raumeinheit (1 l) entwickelt werden, v_0 das Volumen der Explosionsgase bei 0°/760 mm. 1,033 ist die Größe des Atmosphärendrucks.

Wenn g Gewichtsteile eines Sprengstoffes im Raume V explodieren, so ergibt sich der Druck $P = f \cdot \dfrac{g}{V}$. Der spez. Druck f beträgt z. B. für:

Nitroglycerin	. . 9281 kg	Pikrinsäure	. . . 9780 kg
Sprenggelatine	. . 9360 „	Roburit	. . . . . 6370 „
Gelatinedynamit	. 7476 „	Schwarzpulver	. 2884 „
Schießbaumwolle	. 9249 „	Knallquecksilber	. 4450 „

96. Wie groß ist danach der Druck der Explosionsgase (Nachschwaden) auf die Wände eines Raumes von 1 cbm, wenn 10 kg Pikrinsäure explodieren?

$$P = f \cdot \frac{g}{V} = \frac{9780 \cdot 10}{1000} = 97{,}8 \text{ kg/qcm.}$$

97. Die Zersetzung der Pikrinsäure erfolgt nach der Gleichung:

$$2\,C_6H_2(NO_2)_3 \cdot OH = CO_2 + H_2O + 11\,CO + 2\,H_2 + 3\,N_2.$$

Wie groß ist das Volumen der Nachschwaden bei 0°/760 mm, die freiwerdende Wärmemenge in WE, die Arbeitsleistung in mkg und der spez. Druck f in kg?

Folgende Tabelle gibt nach W. Will einen Vergleich der Explosionswärmen Q und der theor. Arbeitsleistung A einiger Sprengstoffe, sowie einiger Brennstoffe. Unterschied![1]).

---

[1]) Nach J. Trauzl kann 1 kg Schwarzpulver in einem Würfel von 100 mm Seite einschließbar, in 0,01 Sekunde über 200 000 mkg, 1 kg Dynamit, einen Würfel von nur 90 mm Seite einnehmend, schon in 0,00002 Sekunde gegen 1 000 000 mkg Arbeitsleistung entwickeln. Wollte man z. B. durch Federn die Arbeit aufstapeln, welche 1 kg Pulver in 0,01 Sekunde zur Verfügung stellt, so müßten 10 Männer fast 1 Stunde in voller Tätigkeit sein. Um jedoch in dem verschwindend kleinen Zeitteilchen, in welchem 1 kg Dynamit detoniert, dieselbe Leistung zu geben, wären gegen 2000 Millionen Menschen oder gegen 300 Millionen Pferdestärken erforderlich.

Explosivstoff 1 kg	Q bei konst. Vol. H_2O flüssig WE	A mkg	Wert- verhältnis (Sprenggela- tine = 100)
Sprenggelatine (7 Proz. Kollodium)	1640	700 280	100
Nitroglycerin	1580	674 685	96
Nitromannit	1520	649 040	92
Dynamit (75 Proz. Nitroglycerin)	1290	550 835	79
Schießwolle (13 Proz. Stickstoff)	1100	469 700	66
Kollodiumwolle (12 Proz. Stickstoff)	730	311 710	44
Ammonsalpeter (10 Proz. Nitronaphthalin)	930	397 110	58
Pikrinsäure	810	345 870	49
Trinitrotoluol	730	311 780	44
Schwarzpulver	685	292 500	41
Ammonsalpeter	630	269 015	38
Knallquecksilber	410	175 070	25
Sprengluft (Oxyliquit), bestehend aus 25 Proz. Rußrohnaphthalin u. 75 Proz. flüss. Luft von 95 Proz. O_2	2180	930 860	133
Holzkohle	8080	3 442 080	
Steinkohle	7000	2 982 000	
Petroleum	12000	5 112 000	

Mischungsberechnungen.

Die erforderliche Menge der Mischung sei $= M$ (kg oder l), ihr gewünschter Prozentgehalt $= c$, derjenige der stärkeren Flüssigkeit $= a$ und derjenige der schwächeren $= b$. Will man hieraus die Menge der erforderlichen stärkeren Flüssigkeit $= x$ und die des Verdünnungsmittels $= M - x$ erfahren, so ist

$$x = \frac{M(c - b)}{a - b}.$$

98. Man will 650 kg Schwefelsäure von 75 Proz. H_2SO_4-Gehalt haben, hat solche vom spez. Gew. 1,825 mit 91 Proz.

und von 1,380 mit 48 Proz. Die erforderliche Menge der Säure mit 91 Proz. ist:

$$x = \frac{650\,(75 - 48)}{91 - 48} = \frac{650 \cdot 27}{43} = \frac{17\,550}{43} = 408 \text{ kg},$$

die zu $M - x = 650 - 408 = 242$ kg Säure mit 48 Proz. gemischt werden müssen.

408 kg Schwefelsäure mit 91 Proz. enthalten 371,3 kg H_2SO_4
242 „   „   „ 48 „   „   116,2 „   „

650 kg Mischung enthalten . . . . 487,5 kg H_2SO_4

100 „   „   „ $\dfrac{487,5}{6,5} = 75,0$ Proz. H_2SO_4.

99. Mischung von Alkohol mit Wasser: Mischt man 50 kg Wasser mit 50 kg Alkohol, so erhält man einen Spiritus von 50 Gewichtsprozenten. 50 kg Alkohol sind aber 63,125 l; ferner findet beim Mischen von Alkohol und Wasser eine Verdichtung statt. In folgender Zusammenstellung sind für eine Anzahl Litermengen reinen Alkohols die Mengen Wassers angegeben, welche mit den ersteren vermischt 100 l Spiritus ergeben würden. Die Zahlen in der dritten Spalte, welche den Überschuß der Summe der beiden ersten Spalten über 100 l darstellen, geben die Kontraktion. Die Stärke des erhaltenen Spiritus in Volumprozenten wird durch die Litermenge reinen Alkohols gegeben.

Alkohol l	Wasser l	Kontraktion
10	90,71	0,71
20	81,71	1,71
30	72,71	2,71
40	63,41	3,41
50	53,70	3,70
60	43,66	3,66
70	33,38	3,38
80	22,82	2,82
90	11,88	1,88
100	0,00	0,00

Will man also 100 l 50 proz. Branntwein herstellen, so muß man 50 l Alkohol mit 53,7 l Wasser mischen.

Die Mischung von 63,125 l Alkohol mit 50 l Wasser gibt somit nicht 113,125, sondern nur ungefähr 108,84 l Spiritus. Diese 108,84 l enthalten aber 63,125 l Alkohol, die Stärke der Mischung beträgt demnach $\dfrac{63,125}{108,84} \cdot 100$, das ist 58 Vol.-Proz. und diese entsprechen mithin 50 Gew.-Proz.

50 l Alkohol mit 53,7 l Wasser vermischt ergeben 100 l Spiritus von 50 Vol.-Proz. 53,7 l Wasser wiegen 53,7 kg, 50 l Alkohol 40 kg, die Stärke in Gewichtsprozenten wird daher $40 : (40 + 53,7) \cdot 100$, das ist ungefähr 42,7.

100. 45 g einer 20 proz. Kochsalzlösung werden mit 14 g Wasser verdünnt. Welchen Prozentgehalt besitzt die verdünnte Lösung? 45 g einer 20 proz. Kochsalzlösung enthalten $\dfrac{45 \cdot 20}{100} = 9$ g NaCl. Nach der Verdünnung wiegt die Lösung $45 + 14 = 59$ g und enthält 9 g NaCl. Also ist ihr Prozentgehalt $\dfrac{100 \cdot 9}{59} = 15,254$.

101. Aus 400 g krystallisierter Soda soll eine 10 proz. Lösung von kohlensaurem Natrium hergestellt werden, wieviel Wasser ist dazu nötig?

Man berechnet zuerst den Gehalt der krystallisierten Soda, $Na_2CO_3 \cdot 10\,H_2O$ (Mol.-Gew. 286,3), an Natriumcarbonat, Na_2CO_3 (Mol.-Gew. 106,1), nach:

$$286,3 : 106,1 = 400 : x; \quad x = 148,2 \text{ g}.$$

Da die Lösung 10 prozentig sein soll und in 400 g krystallisierter Soda nach vorstehendem 148,2 g Na_2CO_3 enthalten sind, muß die gesamte Flüssigkeitsmenge 1482 g betragen. Den 400 g krystallisierter Soda sind also $1482 - 400 = 1082$ g Wasser zuzufügen.

102. 180 kg Ammoniakflüssigkeit mit 10,5 proz. NH_3 sollen durch käufliche vom spez. Gew. 0,910 mit 25 Proz. NH_3 auf einen Gehalt von 15 Proz. verstärkt werden:

$$x = \frac{180\,(15 - 10,5)}{25 - 15} = \frac{180 \cdot 4,5}{10} = \frac{810}{10},$$

also 81 kg die zur Verstärkung zuzusetzende Menge Ammoniakflüssigkeit mit 25 Proz. NH_3.

180 kg Ammoniakflüssigkeit von 10,5 Proz. enthalten 18,90 kg NH_3
81 „   „   „ 25,0 „   „   20,25 „   „

261 kg Mischung werden enthalten . . . . 39,15 kg NH_3

100 kg enthalten demnach $\dfrac{39,15}{2,61} = 15,0$ kg NH_3.

103. Wieviel Wasser ist zwecks Herstellung einer Normalsalzsäure zum Liter einer übernormalen Salzsäure hinzuzufügen, wenn a g Natriumcarbonat b ccm dieser Salzsäure neutralisieren?

Für a g Na_2CO_3 würden c ccm Normalsalzsäure nötig sein. Da ein Grammolekel Na_2CO_3 äquivalent ist mit 2 Grammol. Chlorwasserstoff, also mit 2 l Normalsalzsäure, so ergibt sich:

$$Na_2CO_3 \text{ g} : a = 2000 \text{ ccm Normalsalzsäure} : c;$$

$$c = \frac{2000}{Na_2CO_3} \cdot a = \frac{2000}{106,1}\, a = 18,85\, a.$$

Es wird nun 18,85 a größer sein als b, und $(18,85\, a - b)$ wird also die Menge Wasser sein, die man zu b ccm der übernormalen Säure setzen muß, um Normalsäure zu erhalten. Für 1 l der übernormalen Salzsäure ergibt sich x als zuzusetzende Wassermenge:

$$b : (18,85\, a - b) = 1000 : x; \qquad x = \frac{1000\,(18,85\, a - b)}{b}.$$

Wenn z. B. $a = 2{,}1$ g Na_2CO_3 und $b = 39{,}15$ ccm übernormaler Salzsäure ist, so ist

$$x = \frac{1000 \cdot (18{,}85 \cdot 2{,}1 - 39{,}15)}{39{,}15} = 11{,}11 \text{ ccm Wasser.}$$

Es ist also 1 l der übernormalen Säure mit 11,11 ccm Wasser zu verdünnen.

Wärme und Brennstoffe.

Die Lehre von den Wärmevorgängen, welche durch chemische Vorgänge bedingt sind, die Thermochemie, ist im Jahre 1840 durch Heß (Poggend. Ann.) dadurch begründet, daß derselbe zeigte: die einem chemischen Vorgange entsprechende Wärmeentwicklung ist stets dieselbe, ob der Vorgang auf einmal oder in beliebig vielen Abschnitten verläuft. Sie wurde dann namentlich durch Thomsen und Berthelot weiter ausgebildet.

Als Einheit gilt meist die Wärmemenge, welche erforderlich ist, die Gewichtseinheit Wasser von 0 auf 1° zu erwärmen. In der Chemie wählt man als Gewichtseinheit 1 g und bezeichnet diese Wärmeeinheit mit cal. Auf den Vorschlag Berthelots wird oft eine 1000 mal größere Einheit: Cal. verwendet. Ostwald wählte dagegen, entsprechend dem Vorschlage von Schuller und Wartha (1877), als Wärmeeinheit: K, diejenige Wärmemenge, welche 1 g Wasser zwischen dem Siedepunkte und dem Gefrierpunkte abgibt; dieselbe ist 100 mal so groß, als die spezifische Wärme des Wassers zwischen 15 und 18°. Unter Berücksichtigung der veränderlichen spezifischen Wärme des Wassers ist K etwa $= 100{,}6$ cal. Man kann jedoch meist setzen: 1 Cal. $= 10\,K = 1000$ cal.

Als Wärmeeinheit (WE) für technische Zwecke gilt die Wärmemenge, welche erforderlich ist, 1 kg Wasser (bei etwa 15°) um 1° zu erwärmen; eine Umrechnung auf die wissenschaftliche Wärmeeinheit (cal.) ist kaum je erforderlich. 100 WE werden passend mit hWE (Hektowärmeeinheit) bezeichnet. 1 WE ist = 427 Meter-Kilogramm, somit 1 Stunden-Pferdestärke = 635 WE.

1 Voltampere (VA) oder Watt ist = 0,102 Sek./mkg, 1 Kilowatt = 1000 Watt, demnach 1 Kilowattstunde = 1,36 PS-Stunde = 862 WE. Ferner:

Watt	mkg/sec.	WE	PS
1	0,102	0,00024	0,00136
9,81	1	0,00234	0,0133
4189	427	1	5,70
736	75	0,1755	1

104. Wieviel Wärme ist praktisch erforderlich zur Gewinnung von 1 St./PS, statt der theoretischen 635 WE?

Gute Gaskraftmaschinen liefern mit 1800 bis 2300 WE des verbrauchten Gases 1 Stundenpferd.

Wärmeausnutzung in Dampf- und Gasmaschinen. (Nach Neumann.)

	Brennstoff für 1 PS-St.	Heizwert des Brennstoffs (pro kg, bzw. cbm) WE	Wärmeverbrauch für 1 PS-St. WE	In nutzbare Arbeit umgesetzt Proz.
Dampfkraftanlagen				
kleine	5 kg	7 500 kg	37500	1,7
große, beste . . .	0,6 „	7 500 „	4500	14,2
Leuchtgasmaschinen				
kleine	0,7 cbm	5000 cbm	3500	18,2
große	0,45 „	5000 „	2250	28,3
beste	0,385 „	4700 „	1800	35,3
Gichtgasmaschinen				
Durchschnitt . . .	3,33 „	900 „	3000	21,2
beste	2,33 „	900 „	2100	30,3
Sauggasmaschinen	Anthrazit			
kleine	0,55 kg	8 000 kg	4400	14,5
große, beste . . .	0,32 „	8 000 „	2560	25,0

	Brennstoff fur 1 PS-St.	Heizwert des Brenn- stoffs (pro kg, bzw. cbm) WE	Wärme- verbrauch für 1 PS-St. WE	In nutzbare Arbeit um- gesetzt Proz.
Benzinmaschinen				
kleine	0,45 kg	10 300 kg	4725	13,8
große	0,25 „	10 300 „	2570	24,8
Petroleummaschinen				
gewöhnliche . . .	0,5 „	10 300 „	5150	12,4
Dieselmaschine				
17 PS	0,186 „	10 300 „	1910	33,3
Spiritusmaschinen				
Durchschnitt . . .	0,5 „	5 500 „	2750	23,2
14-PS-Maschine . .	0,352 „	5 500 „	1930	33,0

105. Vergleicht man damit den Menschen als Kraft-quelle, so ist der Wärmewert der Nahrungsmittel eines erwachsenen Menschen meist 3000 bis 3500 WE, erreicht aber unter Umständen selbst 4500 WE. Bei achtstündiger Arbeit leistet der Mensch sekundlich etwa 4,7 mkg mechanische Arbeit, somit täglich 127 000 mkg, entsprechend 300 WE, oder nicht ganz 0,5 Stundenpferd. Die übrige in den Nahrungsmitteln aufgespeicherte Sonnenwärme wird wesentlich zur Erhaltung der Temperatur, Verdauungsarbeit, Atmung u. dgl. verbraucht, vergleichbar mit dem Leerlauf einer Maschine[1]).

Die Kosten von 100 Pferdekraftstunden betragen demnach etwa:

200 Arbeiter, je 25 M. . . . . 5000 M.

10 Pferde, einschl. Wartung . . . . 1000 „

Dampf- und Gasmaschine . . . . 5—50 „

Menschenkraft ist also 100—1000 mal so teuer wie Maschinenkraft.

[1]) Übrigens gleicht das ganze Leben mancher Menschen einem solchen „Leerlauf", da sie überhaupt keine nutzbare Arbeit liefern. Das mechanische Äquivalent der geistigen Arbeit ist noch nicht bekannt.

106. Der Brennwert des amorphen Kohlenstoffes ist 8100 WE, demnach für 12 kg Kohlenstoff (Atomgewicht) 972 hWE.

Die Bildungswärme einer Verbindung ergibt sich aus der Differenz der Verbrennungswärme derselben und der der Elemente:

	Brennwert der Verbindung	Brennwert der Elemente	Bildungswärme
CO	686 hWE	972 hWE	286 hWE
CH_4	1926 „	2133 „	207 „
C_2H_6	3447 „	3686 „	239 „
C_3H_8	4938 „	5238 „	300 „
C_2H_2	2990 „	2507 „	—483 „
C_2H_4	3244 „	3087 „	—157 „
C_3H_6	4756 „	4658 „	— 98 „

Demnach wird bei der Bildung von Kohlenoxyd, Methan, Äthan und Propan Wärme frei, bei der Bildung von Acetylen, Äthylen und Propylen werden dagegen erhebliche Wärmemengen gebunden.

107. Den Brennwert von 1 cbm der Gase kann man berechnen durch Division der molekularen Verbrennungswärme durch 22,4, z. B. für Kohlenoxyd:

$$68\,200 : 22,4 = 3043 \text{ WE.}$$

Danach ergibt sich folgende Tabelle für den praktischen Gebrauch [Mittelwerte[1]]:

	Molekulare Verbrennungswärme WE	Verbrennungswärme für 1 cbm WE
Kohlenoxyd	68 200	3 043
Wasserstoff	57 820	2 580
Schwefelwasserstoff	123 500	5 513
Methan	191 100	8 526
Äthan	338 900	15 120
Propan	485 600	21 670
Äthylen	318 100	14 190

[1]) Vgl. Feuerungstechnik 1914/15, S. 43.

	Molekulare Ver- brennungswärme WE	Verbrennungs- wärme für 1 cbm WE
Propylen	463 600	20 680
Toluol (flüssig)	914 260	—
Benzol (flüssig)	764 190	—
Benzol (Gas)	758 400	33 840
Terpentin (flüssig) . . .	1 440 360	—
Terpentin (Gas).	1 449 830	64 725
Naphthalin (fest	1 233 480	—
Anthracen (fest)	1 703 670	—
Acetylen	301 900	13 470
Methylalkohol (flüssig). .	149 460	—
Methylalkohol (Gas) . .	157 930	7 050
Äthylalkohol (flüssig) . .	297 690	—
Äthylalkohol (Gas) . . .	307 870	13 744
Aceton (flüssig)	399 300	—
Aceton (Gas)	406 860	18 161

Das Wasser ist dabei als nicht kondensiert und kalt angenommen.

108. Nach der allgemeinen Gleichung der mechanischen Wärmetheorie:

$$dQ = dU + dW,$$

in welcher dQ die aus- oder eintretende Wärme, dU die Änderung der inneren Energie und dW die äußere Arbeit bedeutet, ist bei bedeutenden Raumveränderungen auch die mechanische Arbeit zu berücksichtigen. Bei Gasentwicklungen muß der Druck der atmosphärischen Luft überwunden werden. Bei 760 mm Barometerstand ist der Atmosphärendruck auf je 1 qcm Fläche $76 \cdot 13,6 = 1033,6$ g, auf 1 qm somit 10 336 kg. Da 427 mkg das mechanische Wärmeäquivalent, so erfordert die Ausdehnung um 1 cbm

$$10\,336 : 427 = 24 \text{ WE.}$$

Da das Kilogramm-Molekulargewicht aller Gase $= 22,4$ cbm, so werden bei $0°$ bei der Entwicklung eines Kilogramm-

Moleküls eines Gases $22,4 \cdot 24 = 538$ WE verbraucht, bei $t°$ aber

$$538 \,(1 + 0,00367\,t)\ \text{WE}.$$

109. Deutschland hat 14 Millionen Hektar Waldfläche. Nun beträgt im Schwarzwalde der jährliche Zuwachs auf 1 ha Bodenfläche im Mittel 3400 kg Fichtenholz, in den Vogesen 3650 kg Buchenholz. Der jährliche Zuwachs an Holz in Deutschland beträgt danach etwa 50 Millionen Tonnen, wovon etwa 40 Millionen früher oder später zur Verbrennung kommen. Die dabei freiwerdende Wärme (bzw. das Licht) lieferte die Sonne. Verbrennt z. B. Zellstoff:

$$C_6H_{10}O_5 + 6\,O_2 = 6\,CO_2 + 5\,H_2O,$$

so werden für je 1 kg Zellstoff 4200 WE entwickelt. Umgekehrt müssen zur Bildung von 1 kg Zellstoff:

$$6\,CO_2 + 5\,H_2O = C_6H_{10}O_5 + 6\,O_2,$$

von den Sonnenstrahlen 4200 WE gebunden werden.

110. Wieviel Wärme entzieht 1 qm Waldfläche jährlich durchschnittlich den Sonnenstrahlen, wenn man auf 1 ha 3500 kg Holz (lufttrocken) von 3600 WE rechnet? 1 qm Waldfläche entzieht den Sonnenstrahlen jährlich durchschnittlich etwa 1400 WE, somit, da der Baumwuchs sich wesentlich auf etwa 140 Tage beschränkt, täglich durchschnittlich 10 WE. Diese 10 WE auf 1 qm oder 100 000 WE auf 1 ha Wald entsprechen dem durchschnittlichen täglichen Wärmeunterschied zwischen Wald und öder Fläche, aber auch der Größe der Nutzbarmachung der Sonnenenergie durch den Wald, welche nur etwa 4 bis 5 Proz. der in unseren Breitengraden verfügbaren Sonnenenergie (auf 1 qm etwa 30 000 WE jährlich) ausmachen. Könnte der Baum alle Sonnenenergie binden, so würde es im Walde finster und kalt sein.

Wir verbrauchen jetzt aber nicht nur die zur Zeit von der Sonne gelieferte Energie, sondern auch die vor Jahrtausenden von Jahren in den Pflanzenresten (Braunkohlen, Steinkohlen) aufgespeicherte Sonnenwärme, ein Kraft- bzw. Wärme- und Lichtvorrat, welcher zweifellos täglich geringer und allmählich erschöpft werden wird. Es sollte dieses eine ernste Mahnung sein, die Brennstoffe nicht so zu verschwenden, wie es bisher meist geschieht, wenigstens so lange auf gute Ausnutzung derselben zu achten, als wir noch keine anderen Mittel kennen, Arbeit, bzw. Wärme und Licht in genügender Menge auf andere Weise zu erzeugen.

111. Wärmeverbrauch der Zuckerrüben. Nach Versuchen von A. Mayer bilden unter besonders günstigen Wachstumsverhältnissen die auf 1 qm wachsenden Rüben 1,6 kg Trockensubstanz, entsprechend etwa 6400 WE, oder etwa $^1/_5$ der verfügbaren Sonnenenergie. Mayer hebt hervor, daß im Großbetriebe an solche Erträge allerdings nicht zu denken sei. (Vgl. Jahresber. 1904, S. 540.)

112. Wärmeverbrauch des Kartoffelbaues. Nach C. v. Eckenbrecher lieferte die Kartoffel „Silesia" auf 1 ha bis 85 hkg, auf 1 qm somit 0,85 kg Stärke. Rechnet man dazu die übrigen Bestandteile der Kartoffel und das Kraut, so ergeben sich für 1 qm fast 4000 WE. Sämtliche auf 24 Gütern angebauten 17 Kartoffelsorten ergaben i. J. 1896 im Durchschnitt 0,39 kg Stärke, entsprechend etwa 1800 WE, i. J. 1895 aber 0,47 kg Stärke oder etwa 2100 WE für 1 qm.

113. Wärmeentwicklung bei der Gärung. Rechenberg, Stohmann, Ostwald u. a. erhielten bei ihren Versuchen und Berechnungen Zahlen, die zwischen 12,7 und 71 Cal. für je 1 Grammolekül Traubenzucker schwanken.

Nach Berthelot werden bei der Gärung $C_6H_{12}O_6$ $= 2\,C_2H_6O + 2\,CO_2$ 33 Cal. frei. Berücksichtigt man die Nebenprodukte nach Pasteur:

171,7 Dextrose in C_2H_6 u. CO_2 . . . . = 31,47 Cal.
  8,3 Dextrose in Glycerin u. Bernsteinsäure =   0,60 „
Gesamtwärme bei der Gärung . . . . = 32,07 Cal.

Bouffard hat Traubenmost vergären lassen und kommt zu dem Ergebnis, daß 1 Grammolekül Traubenzucker beim Zerfall 23,1 Cal. liefert. Brown, der ein Gärgefäß als Calorimeter eingerichtet hat, findet 21,4 Cal. Wärme.

Nach Brown (1901) werden bei der Gärung von 1 kg Maltose 119 WE frei.

Die Brennwerte der Kohlenhydrate sind:

	Brennwerte	
	Gr.-Mol.	1 kg
Stärke $C_6H_{10}O_5$ (Mol.-Gew. 162)	685 Cal.	4228 WE
Dextrin $C_6H_{10}O_5$ (Mol.-Gew. 162) . . .	677 „	—
Rohrzucker $C_{12}H_{22}O_{12}$ (Mol.-Gew. 342) .	1355 „	—
Maltose $C_{12}H_{22}O_{11} \cdot H_2O$ (Mol.-Gew. 1340)	—	—

Die Verbrennungswärme des Traubenzuckers betrug 677,4 Cal., die des Äthylalkohols beträgt 325,7 Cal., die der Kohlensäure 0 Cal. Aus 1 Mol. Traubenzucker bilden sich nach der Gleichung:

$$C_6H_{12}O_6 = 2\,C_2H_6O + 2\,CO_2$$

Traubenzucker   Äthylalkohol   Kohlensäure

2 Mol. Alkohol, die zusammen $325{,}7 \cdot 2$ Cal. $= 651{,}4$ Cal. Verbrennungswärme besitzen. Die Differenz zwischen der Verbrennungswärme des Traubenzuckers und diesen 651,4 Cal. Alkoholverbrennungswärme $= 26{,}0$ Cal. ist die bei der Gärung frei werdende Wärmemenge, was mit den Versuchen von Brown und Bouffart ziemlich stimmt.

114. Wieviel Wärme wird bei der Herstellung von 100 kg Malz entwickelt?

Beim Keimen der Gerste werden für 100 kg fertiges Malz etwa 6 kg Stärke in Kohlensäure und Wasser übergeführt. Ist der Brennwert von 1 kg Stärke = 4228 WE, so werden für 100 kg Malz (trocken) 254 hWE entwickelt, oder bei 9 tägiger Keimung täglich 2870 WE (vgl. Zeitschr. f. angew. Chemie 1888, S. 8).

115. Kältebedarf einer Brauerei (vgl. Zeitschr. f. angew. Chemie 1889, S. 453).

116. Getreide. Die Berliner Rieselfelder lieferten i. J. 1889 im Durchschnitt auf 1 qm 0,155 kg Weizen und 0,221 kg Stroh, entsprechend etwa 1500 WE, die anderen Getreidearten nur etwa 1100 bis 1200 WE gebundene Sonnenwärme. Im Jahre 1895 lieferte in gewöhnlicher Feldwirtschaft im Durchschnitt 1 qm in Malchow 0,344 kg Roggen und 0,396 kg Stroh, entsprechend etwa 3600 WE, dagegen Sputendorf nur 0,096 kg Roggen und 0,18 kg Stroh, entsprechend etwa 900 WE Sonnenwärme.

117. Für die Durchführung wärmetechnischer Rechnungen ist die Kenntnis der spezifischen Wärme der in Reaktion tretenden Körper nötig. Man unterscheidet zwischen wahrer spezifischer Wärme (C_w), d. i. die spez. Wärme bei einer bestimmten Temperatur, und mittlerer spez. Wärme (C_m), d. i. die durchschnittliche spez. Wärme innerhalb eines Temperaturintervalls; ferner zwischen spez. Wärme bezogen auf konstanten Druck (C_p) oder bezogen auf konstantes Volumen (C_v). Die spez. Wärmen der Gase nehmen mit steigender Temperatur zu, doch erfolgt das Anwachsen nach den neueren Forschungen, insbes von Holborn, Henning, Austin, Scheel u. a. nur bei den sog. zweiatomigen Gasen (N_2, O_2, H_2, CO) geradlinig. Die bisher meist benutzten Zahlen von Le Chatelier und Mallard sind deshalb nicht mehr als einwandfrei anzusehen.

B. Neumann[1] hat es unternommen, unter Würdigung aller neuen Forschungsergebnisse folgende Tabellen

---

[1] Ztschr. f. angew. Chemie 1919, I, S. 141.

für die spez. Wärmen aufzustellen, deren Werte man in der Hauptsache als endgültig ansehen darf. Es wäre zu wünschen, daß dieselben künftig allein bei feuerungstechnischen Rechnungen benutzt würden, damit die seither sehr störende Uneinheitlichkeit in der Literatur verschwindet.

Zu den Zahlen der nachstehenden Tabellen ist folgendes zu bemerken. Die in den Tafeln aufgenommenen spezifischen Wärmen sind nur solche, die sich auf konstanten Druck beziehen (C_p), wie sie für feuerungstechnische Zwecke allein gebraucht werden können. Tabelle I enthält die Werte der wahren spezifischen Wärmen bei konstantem Druck von 0—3000° für Kohlensäure, schweflige Säure, Wasserdampf, Sauerstoff, Stickstoff, Luft, Kohlenoxyd und Wasserstoff, bezogen auf 1 kg Gas, Tabelle II die entsprechend mittleren spezifischen Wärmen. Tabelle III bringt die wahren spezifischen Wärmen dieser Gase, bezogen auf 1 cbm Gas, Tabelle IV die entsprechenden mittleren spezifischen Wärmen.

Die Ergebnisse sind auch graphisch zur Darstellung gebracht. In Diagramm 1 sind die wahren spezifischen Wärmen c_p und die mittleren spezifischen Wärmen c_{pm} bezogen auf 1 cbm Gas eingezeichnet, im Diagramm 2 dieselben spezifischen Wärmen bezogen auf 1 kg Gas. Der obere Teil des Kurvenblattes 1 zeigt nur die von Kohlensäure und Wasserdampf eigentümlich gekrümmten Kurven. Die sogenannten zweiatomigen Gase sind nicht mit in dasselbe Schaubild eingetragen, da die Kurven sehr nahe beieinander liegen und die Kohlensäurekurve mehrmals schneiden, wodurch das Bild unübersichtlich würde. Diese Kurven sind im unteren Teile des Blattes besonders aufgezeichnet worden.

Tafel I.

Wahre spezifische Wärmen

bei konstantem Druck bezogen auf 1 kg Gas bei t°.

Temp.	Kohlen-säure, schweflige Säure	Wasser-dampf	Sauerstoff	Stickstoff, Kohlen-oxyd	Luft	Wasser-stoff
0°	0,202	0,462	0,218	0,249	0,241	3,445
100°	0,215	0,465	0,221	0,252	0,244	3,490
200°	0,230	0,470	0,224	$0,255_6$	0,247	3,534
300°	0,244	0,475	0,226	0,259	0,250	3,579
400°	0,257	0,481	0,229	0,262	0,253	3,624
500°	0,268	0,489	0,232	$0,265_6$	$0,256_6$	3,668
600°	0,275	0,499	0,235	0,269	0,260	3,713
700°	0,282	0,509	0,238	0,272	0,263	3,758
800°	0,289	0,521	$0,240_5$	$0,275_6$	0,266	3,802
900°	0,293	0,535	0,243	0,279	0,269	3,847
1000°	0,297	0,551	0,246	0,282	0,272	3,891
1100°	0,300	0,572	0,249	$0,285_5$	0,275	3,936
1200°	0,302	0,594	0,252	0,289	0,278	3,981
1300°	0,305	0,619	$0,254_5$	0,292	0,281	4,025
1400°	0,307	0,644	0,257	$0,295_5$	$0,284_5$	4,070
1500°	0,309	0,670	0,260	0,299	0,288	4,115
1600°	0,311	0,696	0,263	0,302	0,291	4,159
1700°	0,313	0,723	0,266	$0,305_5$	0,294	4,204
1800°	0,315	0,750	0,269	0,309	0,297	4,249
1900°	0,317	0,779	0,271	0,312	0,300	4,293
2000°	0,319	0,808	0,274	$0,315_5$	0,303	4,338
2100°	0,320	0,837	0,277	0,319	0,306	4,382
2200°	0,322	0,865	0,280	0,322	0,309	4,427
2300°	0,323	0,895	0,283	$0,325_5$	$0,312_5$	4,472
2400°	0,325	0,924	0,285	0,329	$0,315_6$	4,516
2500°	0,327	0,954	0,288	0,332	0,319	4,561
2600°	0,329	0,984	0,291	$0,335_5$	0,322	4,606
2700°	0,331	1,014	0,294	0,339	0,325	4,650
2800°	0,333	1,044	0,297	0,342	0,328	4,695
2900°	0,334	1,075	0,300	$0,345_5$	0,331	4,740
3000°	0,336	1,105	0,302	0,349	0,334	4,784

Tafel II.

Mittlere spezifische Wärmen

bei konstantem Druck bezogen auf 1 kg Gas, zwischen 0 und $t°$.

Temp.	Kohlensäure, schweflige Säure	Wasser-dampf	Sauerstoff	Stickstoff, Kohlen-oxyd	Luft	Wasser-stoff
0°	0,202	0,462	0,218	0,249	0,241	3,445
100°	0,209	0,464	0,219	0,251	$0,242_6$	3,467
200°	0,217	0,466	0,221	0,252	0,244	3,490
300°	0,225	0,468	0,222	0,254	0,246	3,512
400°	0,232	0,470	0,224	0,255	0,247	3,534
500°	0,238	0,473	0,225	0,257	0,249	$3,556_6$
600°	0,243	0,476	0,226	0,259	0,250	3,579
700°	0,248	0,479	0,228	$0,260_6$	0,252	3,601
800°	0,253	0,484	0,229	0,262	0,253	3,624
900°	0,257	0,490	$0,230_6$	0,264	0,255	3,646
1000°	0,260	0,495	0,232	$0,265_6$	$0,256_5$	3,668
1100°	0,263	0,500	$0,233_5$	0,267	0,258	$3,690_5$
1200°	0,265	$0,506_5$	0,235	0,269	0,260	3,713
1300°	0,268	0,513	0,236	$0,270_6$	0,261	3,735
1400°	0,270	0,520	0,238	0,272	0,263	3,758
1500°	0,273	0,527	0,239	0,274	0,264	3,780
1600°	0,275	0,535	$0,240_5$	$0,275_6$	0,266	3,802
1700°	0,278	0,544	0,242	0,277	0,267	3,824
1800°	0,280	0,554	0,243	0,279	0,269	3,847
1900°	0,282	0,566	0,245	$0,280_5$	$0,270_5$	3,869
2000°	0,283	0,578	0,246	0,282	0,272	3,891
2100°	0,284	0,590	0,248	0,284	$0,273_6$	3,914
2200°	0,286	0,603	0,249	$0,285_5$	0,275	3,936
2300°	0,288	0,616	0,250	0,287	0,277	3,958
2400°	0,289	0,629	0,252	0,289	0,278	3,981
2500°	0,290	0,642	0,253	$0,290_5$	0,280	4,003
2600°	0,291	0,655	0,255	0,292	0,281	4,025
2700°	$0,292_5$	0,669	0,256	0,294	0,283	4,047
2800°	0,294	0,683	0,257	$0,295_5$	0,284	0,070
2900°	0,295	0,698	0,259	0,297	0,286	4,092
3000°	0,296	0,713	0,260	0,299	0,288	4,115

Tafel III.

Wahre spezifische Warmen
bei konstantem Druck bezogen auf 1 cbm Gas bei t°.

Temperatur	Kohlensäure schweflige Säure	Wasserdampf	Sauerstoff, Stickstoff, Luft, Kohlenoxyd
0°	0,397	0,372	0,312
100°	0,422	0,374	0,316
200°	0,452	0,378	0,320
300°	0,479	0,382	0,324
400°	0,505	0,387	0,328
500°	0,527	0,393	0,332
600°	0,547	0,401	0,336
700°	0,558	0,409	0,340
800°	0,568	0,419	0,344
900°	0,576	0,430	0,348
1000°	0,583	0,444	0,352
1100°	0,589	0,460	0,356
1200°	0,595	0,478	0,360
1300°	0,599	0,498	0,364
1400°	0,603	0,518	0,368
1500°	0,607	0,539	0,372
1600°	0,611	0,560	0,376
1700°	0,615	0,582	0,380
1800°	0,619	0,604	0,384
1900°	0,623	0,627	0,388
2000°	0,626	0,650	0,392
2100°	0,629	0,673	0,396
2200°	0,632	0,696	0,400
2300°	0,634	0,720	0,404
2400°	0,638	0,743	0,408
2500°	0,642	0 767	0,412
2600°	0,646	0,791	0,416
2700°	0,650	0,816	0,420
2800°	0,654	0,840	0,424
2900°	0,657	0,865	0,428
3000°	0,660	0,889	0,432

Tafel IV.

Mittlere spezifische Wärmen
bei konstantem Druck bezogen auf 1 cbm Gas zwischen 0 und t°.

Temperatur	Kohlensäure schweflige Säure	Wasserdampf	Sauerstoff, Stickstoff, Luft, Kohlenoxyd
0°	0,397	0,372	0,312
100°	0,410	0,373	0,314
200°	0,426	0,375	0.316
300°	0,442	0,376	0,318
400°	0,456	0,378	0,320
500°	0,467	0,380	0,322
600°	0,477	0,383	0,324
700°	0,487	0,385	0,326
800°	0,497	0,389	0,328
900°	0,505	0,394	0,330
1000°	0,511	0,398	0,332
1100°	0,517	0,402	0,334
1200°	0,521	0,407	0,336
1300°	0,526	0,413	0,338
1400°	0,530	0,418	0,340
1500°	0,536	0,424	0,342
1600°	0,541	0,430	0,344
1700°	0,546	0,438	0,346
1800°	0,550	0,446	0,348
1900°	0,554	0,455	0,350
2000°	0,556	0,465	0,352
2100°	0,558	0,475	0,354
2200°	0,562	0,485	0,356
2300°	0,566	0,495	0,358
2400°	0,568	0,505	0,360
2500°	0,570	0,516	0,362
2600°	0,572	0,527	0,364
2700°	0,574	0,538	0,366
2800°	0,577	0,549	0,368
2900°	0,579	0,561	0,370
3000°	0,581	0,573	0,372

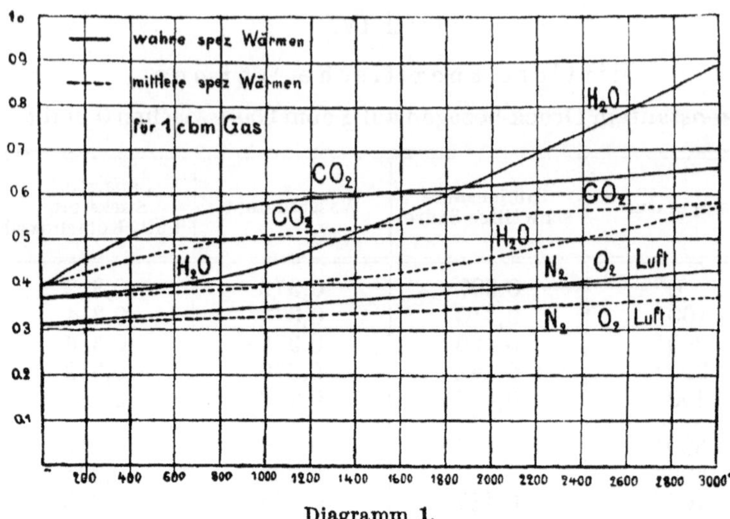

Diagramm 1.

Diagramm 2.

118. Das Gewicht eines Kubikmeters eines Gases in kg unter Normalbedingungen findet man durch Division des Molekulargewichts in kg durch 22,4 (vgl. Nr. 68). Folgende Gewichte werden häufig benötigt:

	Formel	Gewicht von 1 cbm kg
Kohlensäure	CO_2	1,977
Kohlenoxyd	CO	1,250
Sauerstoff	O_2	1,429
Stickstoff	N_2	1,257
Wasserstoff	H_2	0,090
Wasserdampf	H_2O	0,805
Methan	CH_4	0,716
Schwefligsäure	SO_2	2,864
Atmosphärische Luft	—	1,293
Acetylen	C_2H_2	1,171

119. Wie groß ist die theoretische Verbrennungstemperatur (der pyrometrische Heizeffekt) des Kohlenstoffes im Sauerstoff? (Ohne Dissoziation.)

Für die theoretisch erzielbare Verbrennungstemperatur (Grenztemperatur) gilt folgende Formel:

$$t = \frac{W}{G \cdot C_m},$$

worin W die bei der Verbrennung entstehende Wärmemenge in WE, G die Gewichtsmenge der Verbrennungsprodukte, C_m deren mittlere spezifische Wärme bedeutet. Solange man die erzielbare Temperatur nicht annähernd kennt, ist die Gleichung, da die spezifische Wärme sich mit der Temperatur ändert, eigentlich eine solche mit zwei Unbekannten und nicht lösbar. Man muß deshalb die Temperatur zunächst schätzen, den Wert für die spezifische Wärme danach einsetzen und, wenn der gefundene Wert von dem geschätzten wesentlich abweicht, notfalls eine neue Rechnung unter richtiggestellter Einsetzung der spezifischen Wärme machen.

1 kg Kohlenstoff liefert bei der Verbrennung mit 2,667 kg O zu 3,667 kg CO_2 8100 WE. Die Verbrennungstemperatur ist also die Temperatur, auf die 3,667 kg = 1,855 cbm CO_2 durch 8100 WE erhitzt werden. Nach der oben angegebenen Tabelle II und Diagramm 2 liegt die mittlere spezifische Wärme der Kohlensäure bei 3000° bei etwa 0,3, die Kurve steigt mit zunehmender Temperatur sehr langsam an. Bei der sich schätzungsweise ergebenden Temperatur von 6—7000° dürfte die mittlere spezifische Wärme etwa 0,32 betragen. Nach dem oben Gesagten ergibt sich dann:

$$t = \frac{8100}{3,667 \cdot 0,32} = rd\ 6900°.$$

120. Wie groß ist die theoretische Flammentemperatur von Kohlenoxyd im Sauerstoff?

$$2\,CO + O_2 = 2\,CO_2.$$

1 cbm Kohlenoxyd gibt auch 1 cbm Kohlendioxyd; folglich:

$$t = \frac{3062}{1 \cdot 0,6} = rd\ 5100°.$$

121. Wie groß in atmosphärischer Luft?

Zu den für die Verbrennung von 1 cbm CO erforderlichen 0,5 cbm O kommen noch $5 \cdot \frac{79}{21} = 1,88$ cbm N; folglich:

$$t = \frac{3062}{1 \cdot 0,57 + 1,88 \cdot 0,36} = rd\ 2440°.$$

122. Wie groß die Verbrennungstemperatur von Wasserstoff im Sauerstoff?

$$H_2 + O = H_2O.$$

1 cbm Wasserstoff gibt auch 1 cbm Wasserdampf und liefert 2613 WE. Es ist also:

$$t = \frac{2613}{1 \cdot 0,65} = rd\ 4000°.$$

123. Welche Temperatur erreicht man bei der Verbrennung von Kohlenoxyd in atmosphärischer Luft, wenn man die Luft auf 800° vorwärmt?

Zu den 3062 WE des CO kommt noch die in 2,38 cbm Luft von 800° aufgespeicherte Wärmemenge. Diese beträgt $2,38 \cdot 0,328 \cdot 800 = 625$ WE. Die gesamte zur Verfügung stehende Wärme ist also $3062 + 625 = 3687$ WE. Demnach:

$$t = \frac{3687}{1 \cdot 0,58 + 1,88 \cdot 0,37} = \text{rd } 2900°.$$

Die Luftvorwärmung erhöht also die Temperatur um 460°. Wie hoch ließe sich die Temperatur steigern, wenn man auch das Kohlenoxyd auf 800° vorwärmen würde?

124. Bei höheren Temperaturen ist die Dissoziation zu berücksichtigen (über 2000°). Bei 3000° sind ca. 40 Proz. CO_2 bzw. 20 Proz. Wasserdampf dissoziiert, wodurch die Höchsttemperaturen erheblich herabgesetzt werden. Bei der Verbrennung von Kohlenoxyd in Sauerstoff ergibt sich danach bei 40 proz. Dissoziation der CO_2:

$$t = \frac{0,6 \cdot 3062}{0,6 \cdot 0,6 + 0,4 \cdot 0,38} = \text{rd } 3600°.$$

125. Welche theoretische Flammentemperatur kann bei der Verbrennung von Teeröl, ohne Vorwärmung von Luft erzielt werden? [Neumann;[1]) die in den folgenden 3 Beispielen benutzten Zahlen weichen von den unsern etwas ab].

Die Zusammensetzung der brennbaren Bestandteile von Teeröl wird im allgemeinen zu 90 Proz. Kohlenstoff, 7 Proz. Wasserstoff und 0,5 Proz. Schwefel angegeben. Das Öl soll nicht mehr als 1 Proz. Wasser enthalten. Der Heizwert schwankt praktisch zwischen 8800 und 9200 WE. Aus einer sehr eingehenden Untersuchung der Teeröle

---

[1]) Zeitschr. f. angew. Chemie 1919, S. 145.

durch Constam und Schläpfer[1]) ergibt sich als Mittelwert aus 29 Teerölanalysen der wirklich gemessene Heizwert zu 8943 WE. Dieser Wert soll auch in nachstehender Berechnung benutzt werden.

Nach den Formeln

$$12 \text{ kg } C + 32 \text{ kg } O = 44 \text{ kg } CO_2$$
$$2 \text{ „ } H + 16 \text{ „ } O = 18 \text{ „ } H_2O$$
$$32 \text{ „ } S + 32 \text{ „ } O = 48 \text{ „ } SO_2$$

brauchen
$$\begin{cases} 0{,}90 \text{ kg } C \ 2{,}40 \text{ kg } O \\ 0{,}07 \text{ „ } H \ 0{,}56 \text{ „ } O \\ 0{,}005 \text{ „ } S \ 0{,}005 \text{ „ } O \end{cases}$$
$$\underline{2{,}965 \text{ kg } O}$$
und geben
$$\begin{cases} 3{,}30 \text{ kg } CO_2 \\ 0{,}63 \text{ „ } H_2O \\ 0{,}01 \text{ „ } SO_2 \end{cases}$$

Da mit Luft verbrannt werden soll, so gehören zu diesen 2,965 kg O (im Verhältnis von 23,2 : 76,8) 9,815 kg N, theoretisch erforderlich sind also 12,780 kg Luft. Da in der Praxis nicht ohne Luftüberschuß gearbeitet werden kann, den wir mit 30 Proz. annehmen wollen, so kommen weiter noch $12{,}780 \cdot \dfrac{30}{100} = 3{,}834$ kg Luft hinzu. Wir erhalten also unter Benutzung der mittleren spezifischen Wärme der Tabelle 2, unter Anschluß einer Endtemperatur von etwa 1800°:

$$t = \frac{8943}{(3{,}30 \cdot 0{,}280) + (0{,}63 \cdot 0{,}554) + (0{,}01 \cdot 0{,}280) + (9{,}815 \cdot 0{,}279) + (3{,}834 \cdot 0{,}269)}$$
$$= \frac{8943}{0{,}9240 + 0{,}3490 + 0{,}0028 + 2{,}7384 + 1{,}0313}$$
$$= \frac{8943}{5{,}0455} = 1772°.$$

Sind die Gase auf Raummengen bezogen, so muß sich bei der Berechnung dasselbe Ergebnis herausstellen wie bei Berechnung mit Gewichtsmengen durch die spezifischen Gewichte der Gase.

---

[1]) Zeitschr. d. Ver. Deutsch. Ing. 1913, S. 1489.

Wir haben also in unserem Beispiel: 1,679 cbm CO_2, 0,783 cbm H_2O, 0,0035 cbm SO_2, 7,845 cbm N_2 und 2,965 cbm Luft.

Unter Benutzung der mittleren spezifischen Wärmen der Tabelle 4 erhalten wir also:

$$t = \frac{8943}{(1,679 \cdot 0,550) + (0,783 \cdot 0,446) + (0,0035 \cdot 0550) + (7,845 \cdot 0,348)} + (2,965 \cdot 0,348)$$

$$= \frac{8943}{0,9237 + 0,3492 + 0,0019 + 2,7304 + 1,0338}$$

$$= \frac{8943}{5,0390} = 1774°.$$

Die 2° Unterschied gegen die vorige Rechenweise sind auf Ungenauigkeiten der Benutzung der abgekürzten Zahlen zurückzuführen.

126. Das Rechnen mit Zahlen, die auf Gasvolumina bezogen sind, ist besonders bequem bei allen Aufgaben, bei denen es sich um die Verbrennung gasförmiger Brennstoffe handelt.

Generatorgas mit folgender Analyse:

6,3 Proz. CO_2, 22,7 Proz. CO, 0,3 Proz. C_nH_{2n}, 2,6 Proz. CH_4, 13,4 Proz. H_2, 0,2 Proz. O_2, 54,5 Proz. N_2

soll kalt mit 30 Proz. Luftüberschuß verbrannt werden. Die Verbrennungsluft wird auf 600° vorgewärmt. Wie hoch ist die erzielbare Flammentemperatur?

Das Generatorgas liefert folgenden Heizwert:

0,063 cbm	CO_2		
0,227 ,,	CO	· 3 034 WE =	689 WE
0,026 ,,	CH_4	· 8 562 WE =	222 WE
0,134 ,,	H_2	· 2 570 WE =	344 WE
0,003 ,,	C_nH_{2n}	· 13 939 WE =	42 WE
0,002 ,,	O_2		
0,545 ,,	N_2		
1,000 cbm Generatorgas		=	1 297 WE

1 cbm dieses Generatorgases braucht folgende Mengen Sauerstoff zur Verbrennung und gibt damit folgende Mengen Verbrennungsgase:

brauchen

$$
\begin{array}{llll}
0,063 \text{ cbm } CO_2 & — & — \\
0,227 \text{ ,, } CO & \cdot 0,5 \text{ Vol. } O = 0,114 \text{ cbm } O \\
0,026 \text{ ,, } CH_4 & \cdot 2 \text{ ,, } O = 0,54 \text{ ,, } O \\
0,134 \text{ ,, } H_2 & \cdot 0,5 \text{ ,, } O = 0,067 \text{ ,, } O \\
0,003 \text{ ,, } C_nH_{2n} & \cdot 3 \text{ ,, } O = 0,009 \text{ ,, } O \\
0,002 \text{ ,, } O_2 & — \\
0,545 \text{ ,, } N_2 & —
\end{array}
$$

$$
\begin{array}{ll}
1,000 \text{ cbm} & \quad\quad 0,244 \text{ cbm } O \\
& \quad\quad -0,002 \text{ ,, } O \\
\hline
& \quad\quad 0,242 \text{ cbm } O
\end{array}
$$

dabei entstehen

$$
\begin{array}{llllll}
0,063 \text{ cbm } CO_2 & — & H_2O & — & N_2 \\
0,227 \text{ ,, } & \text{,,} & — & \text{,,} & — & \text{,,} \\
0,026 \text{ ,, } & \text{,,} & 0,054 \text{ ,, } & — & \text{,,} \\
— & \text{,,} & \text{,,} & 0,134 \text{ ,, } & — & \text{,,} \\
0,006 \text{ ,, } & \text{,,} & 0,006 \text{ ,, } & — & \text{,,} \\
— & \text{,,} & \text{,,} & — & \text{,,} & — & \text{,,} \\
— & \text{,,} & \text{,,} & — & \text{,,} & 0,545 \text{ ,, }
\end{array}
$$

$$
0,322 \text{ cbm } CO_2 \quad 0,194 \text{ } H_2O \quad 0,545 \text{ } N_2
$$

$$
0,242 \text{ cbm } O_2 \cdot \frac{100}{21} = 1,152 \text{ cbm Luft} = 0,910 \text{ cbm } N_2 .
$$

Die Rauchgase nach der Verbrennung bestehen also aus:

$$
\begin{array}{ll}
0,322 \text{ cbm } CO_2 \\
0,194 \text{ ,, } H_2O \\
1,455 \text{ ,, } N_2 \\
\hline
1,971 \text{ cbm Rauchgas.}
\end{array}
$$

Da 30 Proz. Luftüberschuß notwendig sind, so beträgt die auf 600° vorzuwärmende Luftmenge 1,152 + 0,346, also fast genau 1,5 cbm. Diese bringen bei der Erhitzung auf 600° (Tabelle 4) 1,5 · 600 · 0,324 = 292 WE mit. Die Flammentemperatur, die voraussichtlich etwa 1800° erreichen wird, ergibt sich also wie folgt:

$$t = \frac{1297 + 292}{(0{,}322 \cdot 0{,}550) + (0{,}194 \cdot 0{,}446) + (1{,}445 \cdot 0{,}348) + (0{,}346 \cdot 0{,}348)}$$

$$= \frac{1589}{0{,}1771 + 0{,}0865 + 0{,}5063 + 0{,}1204} = \frac{1589}{0{,}8903} = 1784°.$$

127. Bei einer Schmelze in einem Martinofen treten 16 958 cbm verbrannter Gase mit einer Temperatur von 1500° aus dem Ofen in den Wärmespeicher und ziehen mit 300° in den Essenkanal ab. Wieviel Wärme können die Gase an den Wärmespeicher abgeben?

Die Abgase bestehen aus 1830 cbm Kohlensäure, 1116 cbm Sauerstoff, 13 512 cbm Stickstoff und 1500 cbm Wasserdampf. Der Wärmeinhalt bei 1500° ist nach Tabelle 4:

$$\begin{aligned}
CO_2 &\quad 1830 \cdot 0{,}536 = 981 \text{ WE} \\
O_2 + N_2 &\quad 14628 \cdot 0{,}342 = 5003 \text{ ,,} \\
H_2O &\quad 1500 \cdot 0{,}424 = 636 \text{ ,,}
\end{aligned}$$

Wärmekapazität für 1° 6620 WE.

6620 · 1500 = 9 930 000 WE.

Die Gase enthalten beim Abgang mit 300° in den Essenkanal:

$$\begin{aligned}
CO_2 &\quad 1830 \cdot 0{,}442 = 809 \text{ WE} \\
O_2 + N_2 &\quad 14628 \cdot 0{,}318 = 4652 \text{ ,,} \\
H_2O &\quad 1500 \cdot 0{,}376 = 564 \text{ ,,}
\end{aligned}$$

Wärmekapazität für 1° 6025 WE.

6025 · 300 = 1 807 500 WE.

An die Wärmespeicher werden also abgegeben:

9 930 000 — 1 807 500 = 8 122 500 WE.

128. Für die Vergasung des Kohlenstoffes durch Kohlensäure und Wasser bzw. Wasserdampf ergibt sich folgende Tabelle:

Reaktion	Wärme im Feuerraum	Brennwert des erhaltenen Gases
$C + O_2 = CO_2$		
972 hWE	972 hWE	0
$C + CO_2 = 2\,CO$		
— 972 + 583	—389 „	1364 hWE
$C + 2\,H_2O = CO_2 + 2\,H_2$		
—1161 +972	—189 „	1164 „
$C + H_2O = CO + H_2$		
—580 +291	—289 „	1260 „

Demnach wird bei der Vergasung des Kohlenstoffes nur durch freien Sauerstoff Wärme entwickelt, während bei gebundenem Sauerstoff Wärme gebunden wird. 12 kg Kohlenstoff geben demnach mit 32 kg oder 22,4 cbm Sauerstoff 44 kg oder 22,4 cbm Kohlensäure unter Entwicklung von 972 hWE. Die Wärmetönung ändert sich allerdings mit der Temperatur. Die Änderung hängt ab von den spezifischen Wärmen der beim Umsatz verschwindenden und entstehenden Stoffe.

Im Generator wird in der Hauptsache erst Kohlendioxyd gebildet, dann nach $C + CO_2 = 2\,CO$ Kohlenoxyd unter starker Wärmebindung; die unmittelbare Bildung von Kohlenoxyd nach $C + O = CO + 292$ hWE findet nur unter besonderen Umständen statt[1]) (Heller-Generator).

129. Für die Beurteilung der Wärmeentwicklung und Wärmebindung in Generatoren sind besonders die Reaktionen:

	Wärme im Feuerraum	Brennwert des erhaltenen Gases
$C + O_2\quad = CO_2$	972 hWE	0
$C + CO_2\quad = 2\,CO$	—389 „	1364 hWE
$C + 2\,H_2O = CO_2 + 2\,H_2$.	—189 „	1164 „
$C + H_2O\quad = CO + H_2$ . .	—289 „	1260 „

zu beachten (vgl. die Tabelle in Nr. 148).

---

[1]) Vgl. Fischer-Hartner, Taschenbuch für Feuerungstechniker. 8. Aufl., Leipzig 1920.

Ferner können die Reaktionen:

$$2\,CO \quad = CO_2 + C \quad \ldots\ldots\ldots\ldots +389\ hWE$$
$$C + 2\,H_2 \quad = CH_4 \quad \ldots\ldots\ldots\ldots\ +223\ \text{,,}$$
$$CO_2 + H_2 \quad = CO + H_2O \quad \ldots\ldots\ldots +100\ \text{,,}$$
$$CO_2 + 4\,H_2 \quad = CH_4 + 2\,H_2O \quad \ldots\ldots +408\ \text{,,}$$
$$CO + 3\,H_2 \quad = CH_4 + 2\,H_2O \quad \ldots\ldots +1077\ \text{,,}$$
$$CO + H_2O \quad = CO_2 + H_2 \quad \ldots\ldots\ldots -100\ \text{,,}$$
$$CO_2 + CH_4 \quad = 2\,CO + 2\,H_2 \quad \ldots\ldots -595\ \text{,,}$$
$$CH_4 + H_2O \quad = CO + 3\,H_2 \quad \ldots\ldots\ldots -496\ \text{,,}$$
$$CH_4 + 2\,H_2O = CO_2 + 4\,H_2 \quad \ldots\ldots\ldots -396\ \text{,,}$$

vorkommen. In welchem Umfange dies geschieht, ist durch weitere Versuche festzustellen. Jedenfalls sind die Reaktionen, bei denen Wärme frei wird, am wahrscheinlichsten und möglichst zu vermeiden, da hierdurch der Brennwert des Gases abnimmt.

130. Wieviel cbm Generatorgas gibt 1 kg Koks mit 93 Proz. Kohlenstoff, wenn die Gase ohne (I) und mit Einführung von Wasserdampf (II) folgende Zusammensetzung hatten?

	I		II	
Kohlensäure	2,0		6,9	
Kohlenoxyd	29,4	31,5	25,0	32,3
Methan	Spur		0,4	
Wasserstoff	1,9		14,0	
Stickstoff	66,7		53,8	

1 kg Kohlenstoff gibt $22,4 : 12 = 1,867$ cbm Kohlendioxyd, Kohlenoxyd oder Methan, da

$$C + O_2 = CO_2; \quad C + O = CO; \quad C + 2\,H_2 = CH_4.$$

Folglich enthält 1 cbm dieser Gase

$$12 : 22,4 = 0,536 \text{ kg Kohlenstoff.}$$

Ersteres Gas enthält 31,5 Proz., letzteres 32,3 Proz. kohlenstoffhaltige Gase, somit in 1 cbm

$$0,315 \cdot 0,536 = 0,169 \text{ kg Kohlenstoff;}$$
$$0,323 \cdot 0,536 = 0,173 \text{ kg Kohlenstoff.}$$

1 kg Koks ergab daher:

$$0{,}93 : 0{,}169 = 5{,}5 \text{ cbm Gas;}$$
$$0{,}93 : 0{,}173 = 5{,}4 \text{ cbm Gas.}$$

Der Brennwert von 1 cbm dieser Gase war 945 bzw. 1160 WE oder für 1 kg Koks 5200 bzw. 6260 WE.

131. Welchen Brennwert hat ein Gas, wenn 1000 ccm bei 20° und 747 mm im Calorimeter 4000 cal. und 1 g flüssiges Wasser geben?

Da das Gas in der Gasuhr mit Wasserdampf gesättigt ist, so ergibt die Reduktion auf Normaldruck und 0° Temperatur (vgl. Nr. 64).

$$\frac{1000 \cdot (747 - 17)}{760 \cdot (1 + 0{,}0734)} = 896 \text{ ccm.}$$

Folglich $\dfrac{4000 \cdot 1000}{896} = 4460$ cal. oder für 1 cbm 4460 WE.

1 g flüssiges Wasser entspricht 600 cal.; der sog. obere Brennwert ist bezogen auf flüssiges Wasser als Verbrennungsprodukt, der untere Brennwert auf Wasserdampf.

132. Wie stellen sich die Wärmeverhältnisse beim Mischgasverfahren?

Beim Mischgasverfahren verbrennt zunächst Kohlenstoff in dem zugeführten Luftsauerstoff:

1. $\qquad C + O_2 = CO_2 + 972 \text{ hWE.}$

Die dabei für je 12 kg Kohlenstoff freiwerdende Wärme von 972 hWE erhitzt den Koks oder Anthrazit so, daß mit Wasserdampf nun die Reaktionen:

2. $\qquad C + 2 H_2O = CO_2 + 2 H_2 - 189 \text{ hWE,}$
3. $\qquad C + CO_2 \quad\; = 2 CO \qquad - 389 \text{ hWE}$

auftreten. Gleichung 1 und 3 zusammengezogen, ergibt:

$$C_2 + O_2 = 2 CO + 583 \text{ hWE;}$$

Gleichung 2 und 3 dagegen:

$$C_2 + 2 H_2O = 2 CO + 2 H_2 - 578 \text{ hWE.}$$

Würde keinerlei Wärmeverlust stattfinden, so wäre das (ideale) Mischgasverfahren:

$$2\,C_2 + O_2 + 2\,H_2O = 4\,CO + 2\,H_2.$$

Danach würden 48 kg Kohlenstoff Gas folgender Zusammensetzung geben

	Menge	Zusammensetzung
Kohlenoxyd	89,6 cbm	41,0 Proz.
Wasserstoff	44,8 „	20,5 „
Stickstoff	84,3 „	38,5 „
	218,7 cbm	

In Wirklichkeit wird aber Wärme verloren durch Leitung und Strahlung des Generators. Die Reaktionen 2 und 3 erfordern eine Temperatur von ca. 800°.

133. Was ergibt das Mischgasverfahren im praktischen Betriebe?

Nach Untersuchung des Verfassers hatte das Gas eines solchen Generators folgende Zusammensetzung:

Kohlensäure	7,2 Proz.
Kohlenoxyd	26,8 „
Methan	0,6 „
Wasserstoff	18,4 „
Stickstoff	47,0 „

1 kg des verwendeten Anthrazits gab rund 4,8 cbm Gas. 1 cbm Gas hatte einen Brennwert von 1345 WE, die 4,8 cbm somit 6456 WE. Die Gase verließen den Generator mit 495°, entführten daher, wenn das Dampfluftgemisch 95° hatte und die spez. Wärme des Gases mit etwa 0,35 angenommen wird, $4,8 \cdot 400 \cdot 0,35 =$ rd. 670 WE. Bei rund 7800 WE Brennwert des Anthrazits ergab sich somit folgende Wärmeausnutzung.

Gas, Brennwert	6456 WE	82,8 Proz.
Gas, Eigenwärme	670 „	8,6 „
Verlust durch Leitung u. Strahlung	674 „	8,6 „

134. Wie sind die Wärmeverhältnisse beim Wassergasverfahren? Man bläst abwechselnd Luft und Wasserdampf ein. Beim sog. „Heißblasen" wird Luft durch die Koksfüllung gepreßt:

$$C + O_2 = CO_2 + 972 \text{ hWE.}$$

Der Koks wird auf Weißglut erhitzt, so daß in den oberen Schichten teilweise die Reaktion

$$C + CO_2 = 2\,CO - 389 \text{ hWE}$$

eintritt, also Wärmeverlust. Die so im Koks aufgespeicherte Wärme genügt dann beim „Gasmachen" für die Reaktionen:

$$C + 2\,H_2O = CO_2 + 2\,H_2 - 189 \text{ hWE,}$$
$$C + CO_2 = 2\,CO - 389 \text{ hWE.}$$

Ist der Wärmevorrat erschöpft, und die Temperatur des Brennstoffes auf ca. 800° gefallen, so wird wieder Luft eingeblasen.

135. Wie stellt sich das Wassergasverfahren im praktischen Betriebe? Wassergas, hergestellt aus Koks mit 84,8 Proz. Kohlenstoff, hatte die Zusammensetzung:

	Mittel
Kohlensäure	3,3
Kohlenoxyd	44,0
Methan	0,4
Wasserstoff.	48,6
Stickstoff	3,7

Welchen Brennwert hat 1 cbm des Gases? Der Brennwert berechnet sich unter Benutzung der in der Tabelle in Nr. 107 enthaltenen Zahlen für die Verbrennungswärmen für 1 cbm:

$$
\begin{array}{lll}
\text{für Kohlenoxyd zu} & 0{,}440 \cdot 3043 = & 1339 \text{ WE} \\
\text{für Methan} \quad\quad\;\; \text{,,} & 0{,}004 \cdot 8526 = & 34 \text{ ,,} \\
\text{für Wasserstoff} \;\; \text{,,} & 0{,}486 \cdot 2580 = & \underline{1254 \text{ ,,}} \\
& & 2627 \text{ WE.}
\end{array}
$$

Bei der Berechnung des zur Verbrennung von 1 cbm Gas erforderlichen Luftbedarfes ist zu berücksichtigen, daß nach den Verbrennungsgleichungen

$$2\,CO + O_2 = 2\,CO_2; \quad 2\,H_2 + O_2 = 2\,H_2O;$$
$$CH_4 + 2\,O_2 = CO_2 + 2\,H_2O$$

1 Vol. Kohlenoxyd $\frac{1}{2}$ Vol. Sauerstoff, 1 Vol. Wasserstoff ebenfalls $\frac{1}{2}$ Vol. Sauerstoff und 1 Vol. Methan 2 Vol. Sauerstoff benötigen, und daß 1 Vol. Sauerstoff $\frac{100}{21}$ Vol. atmosphärischer Luft entsprechen.

Im obigen Beispiel sind also zur Verbrennung von 1 cbm Gas $\frac{0,44}{2} + \frac{0,486}{2} + 2 \cdot 0,004\,cbm = 0,471\,cbm$ Sauerstoff,

entsprechend $\frac{47,1}{21} = 2,24\,cbm$ Luft erforderlich.

1 kg Koks lieferte 1,13 cbm Wassergas, entsprechend 2970 WE. In 1 cbm Gas sind 0,477 cbm kohlenstoffhaltige Gase mit (nach Nr. 130) $\frac{12}{22,4} = 0,536\,kg$ Kohlenstoff im cbm enthalten. Die entwickelten 1,13 cbm Wassergas enthalten also $1,13 \cdot 0,477 \cdot 0,536 = 0,29\,kg$ Kohlenstoff. Die übrigen 0,558 kg Kohlenstoff lieferten 3,13 cbm Generatorgas.

136. Wie stellt sich das Einleiten von Kohlensäure in den Generator statt Wasserdampf?

$$C + CO_2 \;= 2\,CO - 389\,hWE,$$
$$C + H_2O = CO + H_2 - 289\,hWE \text{ (zusammengezogen)},$$

12 kg Kohlenstoff geben mit Kohlensäure 44,8 cbm Kohlenoxyd; mit Wasserdampf 22,4 cbm Kohlenoxyd und 22,4 cbm Wasserstoff. Die Zersetzung von Kohlensäure erfordert viel mehr Wärme, somit zur Erzeugung derselben wesentlich mehr atmosphärische Luft, zudem verursacht die Beschaffung der Kohlensäure Kosten.

137. Welches ist der Brennwert eines Braunkohlenmischgases folgender Zusammensetzung und wieviel Sauerstoff bzw. atmosphärische Luft ist zur Verbrennung erforderlich?

	Mischgas	Brennwert WE	Zur Verbrennung Sauerstoff
CO_2	9,4	—	—
CO	17,3	525	8,6
H_2	25,2	653	12,6
CH_4	2,1	179	4,2
N_2	46,0	—	—
	100,0	1357	25,4

1 cbm Gas hat also einen Brennwert von 1357 WE. Zu 1 cbm Gas sind rund 1,2 cbm Luft erforderlich.

138. Desgleichen eines anderen Braunkohlenmischgases:

	Mischgas	Brennwert WE	Zur Verbrennung Sauerstoff
CO_2	3,4	—	—
CO	31,5	959	15,7
CH_4	2,7	231	5,4
H	11,0	286	5,5
N	51,4	—	—
	100,0	1476	26,6

Für 1 cbm Gas sind also rund 1,3 cbm Luft erforderlich.

139. Desgleichen eines Generatorgases aus Torf:

	Gas	Brennwert WE	Zur Verbrennung Sauerstoff
Kohlensäure	11	—	—
Kohlenoxyd	17	518	8,5
Methan	6	514	12,0
Wasserstoff	6	156	3,0
Stickstoff	60	—	—
	100,0	1188	23,5

Zu 1 cbm Gas sind also rund 1,1 cbm Luft erforderlich.

140. Berechnung der Wärmeverluste durch die Rauchgase. Ergeben die während eines Versuches gemachten Gasanalysen im Durchschnitt k Proz. Kohlensäure, o Proz. Sauerstoff und n Proz. Stickstoff, so ist das Verhältnis der gebrauchten Luftmenge zu der theoretisch erforderlichen, wenn die Verbrennungsluft x Proz. Sauerstoff und z Proz. Stickstoff enthält:

$$v = \frac{x}{x - (z\,o : n)} \quad \text{oder} \quad \frac{n}{n - (z\,o : x)},$$

$$\text{bzw.} \quad \frac{21}{21 - (79\,o : n)}.$$

1 kg der Kohle mit c Proz. Kohlenstoff[1]) gibt $= 1{,}867\,c : 100 = K$ cbm Kohlensäure (von $0°$ und 760 mm), $Ko : k = O$ cbm Sauerstoff und $K\,n : k = N$ cbm Stickstoff. Die Menge W des in den Rauchstoffen enthaltenen Wasserdampfes wird berechnet aus dem Wassergehalt der Kohle, dem durch Verbrennung des Wassergases gebildeten $(0{,}09\,h)$, und dem in der Verbrennungsluft enthaltenen $(v\,L\,f)$[2]). Die Gesamtmenge der Verbrennungsgase von 1 kg Kohle ist somit:

$$K + \frac{K\,(o + n)}{k} + \frac{2\,s}{286{,}4} + \frac{W}{0{,}805} \quad \text{cbm von } 0° \text{ und } 760 \text{ mm};$$

oder

$$\frac{2{,}667\,c}{100} + 1{,}43\,O + 1{,}257\,N + \frac{2\,s}{100} + W \quad \text{kg.}$$

Enthalten die Rauchgase Kohlenoxyd und Kohlenwasserstoffe, so ist zu berücksichtigen, daß nach den Formeln $C + O_2 = CO_2$, $C + O = CO$ und $C + 2\,H_2 = CH_4$ je 1 cbm dieser Gase $0{,}536$ kg Kohlenstoff enthält. Ergab

---

[1]) Nach Abzug des etwaigen Gehaltes der Asche und Schlacken an unverbranntem Kohlenstoff.

[2]) Statt $v\,L$ wird man oft hinreichend genau $K + O + N$ nehmen, welcher Ausdruck wegen des beim Verbrennen des Wasserstoffes verschwundenen Sauerstoffes etwas kleiner ist als L.

nun die Analyse k Proz. Kohlensäure, d Proz. Kohlenoxyd, m Proz. Methan (CH_4), h Proz. Wasserstoff, o Proz. Sauerstoff und n Proz. Stickstoff, sowie in 1 cbm r kg Kohlenstoff als Ruß, so enthält 1 cbm dieser Gase

$$\frac{(k + d + m)\ 0{,}536}{100} + r \text{ kg Kohlenstoff,}$$

und 1 kg Kohle gibt

$$\frac{c\,C : 100}{\dfrac{k + d + m}{100} \cdot 0\,536 + r} = G \text{ cbm trockene Gase, darin:}$$

$$\frac{G\,k}{100} = K \text{ cbm Kohlensäure,} \quad \frac{K\,d}{k} \text{ oder } \frac{G\,d}{100} \text{ Kohlenoxyd,}$$

$$\frac{G\,m}{100} \text{ Methan,} \quad \frac{G\,h}{100} \text{ Wasserstoff,} \quad \frac{G\,o}{100} \text{ Sauerstoff}$$

$$\text{und } \frac{G\,n}{100} \text{ Stickstoff.}$$

Die Menge des Rußes ist meist so gering, daß sie vernachlässigt werden kann.

Wasserdampf wird wie vorhin berechnet.

Der Wärmeverlust durch die höhere Temperatur der Rauchgase ergibt sich durch Multiplikation der einzelnen Gasmengen mit der spezifischen Wärme (S. 52) und dem Temperaturüberschuß der Gase über die Verbrennungsluft.

Der Verlust durch unvollkommene Verbrennung ergibt sich aus dem Brennwert der unverbrannten Kohle in den Herdrückständen und dem der etwaigen brennbaren Bestandteile (Kohlenoxyd, Methan, Wasserstoff, Ruß) der Rauchgase.

141. Kaminzug. Die Saugwirkung eines Schornsteins wird durch den Auftrieb der heißen Gase bedingt. Das Maß des Auftriebs ist der Unterschied an Gewicht, den das Gasvolum des Schornsteins besitzt, je nachdem es aus heißen Verbrennungsgasen oder aus kalter Luft von Außentemperatur besteht.

Beträgt z. B. das Volum eines Schornsteins 102 cbm, so wiegt dieses Volum, wenn es aus Luft von 0° besteht, 132 kg, und wenn die Luft 27° hat, 120 kg. Dasselbe Volum Verbrennungsgase von 260° wiegt (bei einem spez. Gew. von 1,06) 71 kg. Die heißen Gase im Schornstein, die 71 kg wiegen, verdrängen 120 kg Luft von 27° Außentemperatur, und werden sich daher aufwärts bewegen mit einer Kraft von $120 - 71 = 49$ kg. Beträgt der Querschnitt des Kamins 40 000 qcm, so wird die Wirkung auf 1 qcm $= 1{,}225$ g oder 12,25 mm Wassersäule. Gewöhnlich wird diese Größe nicht in Wasser, sondern in Luft von 0° angegeben. Diese ist 772 mal leichter als Wasser, so daß 12,25 mm Wassersäule 9,46 m Luft entsprechen. Auf die Reibung der Gase ist hierbei keine Rücksicht genommen. (Nach Richards.)

Für die Praxis berechnet man den Zug Z eines Schornsteins, d. i. die Gasgeschwindigkeit in m/sec, nach der von Péclet angegebenen Formel

$$Z = \varphi \cdot \sqrt{2\,g\,h \cdot \frac{t_2 - t_1}{273 + t_1}}\,,$$

worin φ eine Wertziffer ist, welche die Bewegungswiderstände zum Ausdruck bringt und mit etwa $\tfrac{1}{3}$ einzusetzen ist. g ist die bekannte Zahl 9,81, h die Höhe, t_2 die Temperatur der abziehenden Gase und t_1 diejenige der Luft.

142. Aus einer Esse von 20 m Höhe strömen die Verbrennungsgase mit einer Temperatur von 250° aus, während die äußere Lufttemperatur 15° beträgt. Welche Geschwindigkeit hat der entweichende Gasstrom?

$$Z = \frac{1}{3}\sqrt{2 \cdot 9{,}81 \cdot 20 \cdot \frac{250 - 15}{273 + 15}} = 5{,}96 \text{ m.}$$

143. Welche Höhe muß ein Schornstein haben, wenn die Verbrennungsgase mit einer Temperatur von 150° und einer Geschwindigkeit von 5 m entweichen und die Lufttemperatur 0° ist?

Nach obiger Formel berechnet sich (bei $\varphi = \frac{1}{3}$)

$$h = \frac{Z^2 \cdot (273 + t_1) \cdot 9}{2\,g \cdot (t_2 - t_1)},$$

wonach

$$h = \frac{5^2 \cdot (273 + 0) \cdot 9}{2 \cdot 9{,}81\,(150 - 0)} = 20{,}87 \text{ m}.$$

Kälte.

144. Kälteerzeugung wird in der Hauptsache durch Verdampfung bewirkt. Man benutzt bei gewöhnlicher Temperatur dampfförmige Flüssigkeiten, also solche, deren Siedepunkt unter 0° C liegt; in erster Linie Kohlensäure (Siedep. —78°), Ammoniak (Siedep. —40°) und Schweflige Säure (Siedep. —10°). Geht 1 kg einer solchen Flüssigkeit in Dampfform über, so wird dabei eine bestimmte Wärmemenge (die Verdampfungswärme) gebunden; sie ist genau so groß, wie die bei der Verflüssigung freiwerdende Wärmemenge, die Kondensationswärme.

Teichmann gibt für eine Kältemaschine von 100 000 WE stündliche Kälteleistung folgende theoretische Werte an:

	CO_2	NH_3	SO_2
Druck im Verdampfer bei —10° in kg/qcm	27,1	2,92	1,04
Druck im Kondensator bei +25° in kg/qcm	65,4	10,31	3,96

	CO$_2$	NH$_3$	SO$_2$
Verdampfungswärme bei —10° in WE pro kg	61,47	322,3	93,44
Flüssigkeitswärme von + 12° bis —10° in WE pro kg	12,13	19,9	7,12
Kälteleistung in WE pro kg	49,34	302,4	86,32
Menge des Kälteträgers in kg, die für eine Kälteleistung von 100 000 WE pro Stunde erforderlich sind	2027	331	1158
Volum dieser Menge in cbm pro Stunde bei —10°	29	143	381
Kraftaufwand in m/kg für den cbm .	259000	43000	16300
Theoret. Kraftbedarf des Kompressors in PS	28	23	23
Theoret. Kälteleistung in WE für 1 Kompressor-PS	3570	4350	4350

Der effektive Kraftbedarf ist um etwa 15 Proz. größer.

145. Berechnung der Kälteerzeugung einer Eismaschine. Die Temperatur im Saugkanale war $+4,3°$, die dazu gehörige Dampfspannung ist 6 mm Quecksilber. Da nun der Barometerstand 750 mm war, so ist als Luftspannung im Saugkanale 744 mm anzunehmen. Das spez. Gewicht der Luft findet sich also zu $1{,}251 \cdot \dfrac{744}{735} \cdot \dfrac{273}{277} = 1{,}248$ kg/cbm.

Die Temperaturen wechselten

am ersten Kühler:	Eintritt von . .	$+4{,}4$ bis	$+3{,}2°$
„ „ „	Austritt „ . .	$-4{,}5$ „	$-5{,}0°$
„ zweiten „	Eintritt „ . .	$+4{,}7$ „	$+3{,}6°$
„ „ „	Austritt „ . .	$-5{,}0$ „	$-5{,}7°$

sie wurden alle 10 Minuten abgelesen. Das Mittel der Temperaturabnahme war 8,64° für die erste, 9,39° für die zweite Kammer. Stündlich wurden also $75\,700 \cdot 1{,}248 = 94\,500$ kg Luft gefördert, die um 9,0° abgekühlt wurden.

Dem entspricht die Kälteleistung

$$94\,500 \cdot 9{,}0 \cdot 0{,}238 = 20\,200 \text{ WE/St.}$$

Der Wassergehalt der Luft wurde mittels eines Koppeschen Haarhygrometers zu 70 Proz. relativer Feuchtigkeit bestimmt. Die Luft wurde mit $+4{,}3°$ angesaugt und mit $—4{,}9°$ gefördert.

Nach den Psychrometertafeln von Wild & Jelinek enthält nun 1 cbm Luft bei $4{,}3°$ gesättigt 6,47 g, also bei 70 Proz. relativer Feuchtigkeit 4,53 g Wasser, bei $—4{,}9°$ gesättigt aber 3,45 g, so daß also, weil die von den Rohrschlangen kommende Luft notwendigerweise gesättigt sein muß, jedes die Kühlkammer durchstreichende Kubikmeter Luft $4{,}53 — 3{,}45 = 1{,}08$ g Wasser verliert. Dieser Wasserabscheidung entspricht also eine Kälteleistung von $75\,700 \cdot 1{,}08 \cdot 0{,}600 = 49\,000$ WE/St.

An Eis wurden im Durchschnitt stündlich 30 Zellen gezogen, welche abgetaut je 25,7 kg wogen; es wurden also stündlich 771 kg Eis erzeugt. Das Füllwasser hatte $+18{,}8°$, das Eis $—8°$, die Kälteleistung für 1 kg Eis war also $19 + 79 + 0{,}5° \cdot 8 = 102$ WE, also stündlich $771 \cdot 102 = 78\,600$ WE. Nun ist aber zu beachten, daß die Temperatur der Salzlösung im Eiserzeuger während des fünfstündigen Versuches um $1°$, also stündlich um $0{,}2°$, stieg. Der Inhalt des Eiserzeugers an Salzwasser ist etwa 53 cbm, das spez. Gewicht wurde zu 1,35 kg/l ermittelt, die spez. Wärme mag also mit 0,82 WE/l angenommen werden. Demnach fand also auf Kosten der Salzlösung eine stündliche Kälteleistung von

$$53\,000 \cdot 0{,}82 \cdot 0{,}2 = 8700 \text{ WE}$$

statt, die von der Roheisleistung abzusetzen ist, so daß die wirkliche Eisleistung nur $78\,600 — 8700 = 69\,900$ WE betrug.

Kälteerzeugung. Lorenz gibt folgende berechnete Tabelle:

Verflüssigungstemperatur im Kondensator °	+20			
Temperatur der Flüssigkeit im Regelventil °	+20		+10	
Kälteträger	NH_3	CO_2	NH_3	CO_2
Kondensatordruck . . kg/qcm	8,79	58,1	8,79	58,1
Verdampfertemperatur. . . . °	—10	—10	—10	—10
Verdampferdruck . . . kg/qcm	2,92	27,1	2,92	27,1
Angesaugtes Volumen f. 1 kg cbm	0,432	0,0143	0,432	0,0143
Kompressorarbeit für 1 kg .mkg	16 810	3231	16 810	3231
Äquivalent der Kompressorarbeit für 1 kg . . . . WE	39,6	7,62	39,6	7,62
Überhitzungswärme für 1 kg „	34,3	13,23	34,3	13,23
Verflüssigungswärme für 1 kg „	299,9	36,93	299,9	36,93
Unterkühlungswärme für 1 kg „	0	0	9,60	7,66
Kondensatorleistung für 1 kg „	334,2	50,16	343,8	57,82
Spezifische Dampfmenge nach dem Durchströmen	0,086	0,308	0,056	0,184
Verdampfungswärme im Verdampfer für 1 kg . . . . WE	322,3	61,47	322,3	61,47
Verdampferleistung für 1 kg „	294,6	42,54	304,2	50,20
Kälteleistung für 1 PS-St. „	4735	3555	4889	4195

146. 1 hl Wasser von 18° soll durch Einwerfen von Eis auf 4° abgekühlt werden. Wieviel Eis ist dazu notwendig?
Die Schmelzwärme des Eises ist 79 WE.

1 kg Eis von 0° braucht also, um in Wasser von 4° überzugehen, 79 + 4 = 83 WE.

1 kg Wasser muß, um von 18° auf 4° abgekühlt zu werden, 14 WE abgeben, 100 kg = 1 hl Wasser, mithin 100 · 14 = 1400 WE. Diese 1400 WE reichen hin, 1400/83 = 16,9 kg Eis von 0° in Wasser von 4° umzuwandeln. Folglich sind 16,9 kg Eis zuzugeben.

147. 150 l Lösung des Salzes einer aromatischen Amidobase in kochendem Wasser sollen durch Einwerfen von Eis auf die für die Diazotierung geeignete Temperatur von 5° abgekühlt werden. Wieviel Eis ist zuzufügen, wenn die spez. Wärme der Lösung gleich derjenigen des Wassers gesetzt wird?

Thermochemie.

148. Bei der Bildung der chemischen Verbindungen aus den Elementen wird entweder Wärme frei, die Bildungswärme ist positiv (exotherme Verbindungen), oder es wird Wärme gebunden, die Bildungswärme ist negativ (endotherme Verbindungen). Die nachfolgende Tabelle enthält die für thermochemische Rechnungen wichtigen molekularen Bildungswärmen einer Anzahl von Verbindungen aus den Elementen.

Formel	Molekulare Bildungswärme WE	Formel	Molekulare Bildungswärme WE
Ag_2O	7 000	CaC_2	—6 250
Ag_2S	3 000	$CaCl_2$	169 900
AgF	22 000	$CaCO_3$	273 850
$AgCl$	29 000	$CaSO_4$	317 400
Ag_2CO_3	123 800	$CaO \cdot SiO_2$	329 350
$AgNO_3$	28 700	$2\,CaO \cdot SiO_2$	471 300
Ag_2SO_4	165 100	$3\,CaO \cdot SiO_2$	603 050
Al_2O_3	392 600	$CaO \cdot Al_2O_3$	524 550
Al_4C_3	232 000	$2\,CaO \cdot Al_2O_3$	658 900
$AlCl_3$	161 800	$3\,CaO \cdot Al_2O_3$	789 050
As_2O_3	156 400	Cu_2O	43 800
AsH_3	—44 200	CuO	37 700
$AsCl_3$	71 500	$CuCl$	35 400
Au_2O_3	—11 500	$CuCl_2$	51 400
$AuCl_3$	22 800	$CuSO_4$	181 700
$AuCl$	5 800	FeO	65 700
BaO	133 400	Fe_2O_3	195 600
BaS	102 900	FeS	24 000
$BaCl_2$	197 100	$FeCl_2$	82 200
$BaCO_3$	286 300	$FeCl_3$	96 150
$BaSO_4$	399 400	H_2O fest	70 400
CO	29 160	H_2O flüssig	69 000
CO_2	97 200	H_2O gasförmig	58 060
C_2H_2	—54 750	H_2SO_4	192 200
CaO	131 500	HNO_3	34 400
$Ca(OH)_2$	215 600	HCl	22 000

Formel	Molekulare Bildungswärme WE	Formel	Molekulare Bildungswärme WE
HgO	21 500	$NaCl$	97 900
$HgCl_2$	53 300	$NaOH$	102 700
$HgSO_4$	165 100	Na_2SO_4	328 100
K_2O	98 200	$NaHSO_4$	269 100
KOH	104 600	$NaNO_3$	110 700
KCl	105 700	Na_2CO_3	273 700
K_2CO_3	282 100	$NaHCO_3$	227 000
K_2SO_4	344 300	PbO	50 800
KCN	33 450	$PbCl_2$	83 900
$KClO_3$	93 800	$PbSO_4$	215 700
KNO_3	119 100	SiO_2	180 000
MgO	143 400	SnO_2	141 300
$MgCl_2$	151 200	$SnCl_2$	80 900
$MgSO_4$	300 900	SO_2	69 260
MnO	90 900	SO_3	91 900
$MnCl_2$	112 000	ZnO	84 800
NH_3	12 200	$ZnCl_2$	97 400
NH_4Cl	76 800	$ZnSO_4$	229 600
Na_2O	100 900		

149. Wärmeverhältnisse des Chlores. Bei der Vereinigung von 1 kg Wasserstoff mit 35,5 kg Chlor zu 36,5 kg Chlorwasserstoff werden nach Thomsen 22 000 WE frei, bei der Bildung von festem Chlornatrium aus 23 kg Natrium und 35,5 kg Chlorgas 97 900 WE, bei der Bildung von Natriumhydrat aus 23 kg Natrium, 1 kg Wasserstoff und 16 kg Sauerstoff aber 102 700 WE, während die Reaktion $Na_2 + O = Na_2O$ 100 900 WE liefert.

Der Versuch Chlornatrium durch Sauerstoff zu zersetzen:

$$2\,NaCl + O = Na_2O + Cl_2$$
$$-\ 195\ 800 \qquad +\ 100\ 900$$

erscheint bei dem gewaltigen Wärmebedarf von 94 900 WE aussichtslos. Die Zersetzung des Chlornatriums mit Wasserdampf:

$$NaCl + H_2O = NaOH + HCl$$
$$- 97\,900 - 58\,000 + 102\,700 + 22\,000$$

würde dagegen nur 31 200 WE erfordern (Zeitschr. f. angew. Chemie 1888, S. 549).

150. Herstellung von Chlor aus Chlormagnesium durch Glühen im Luftstrom nach Weldon-Pechiney:

$$MgCl_2 + O = MgO + Cl_2$$
$$- 151\,200 \qquad + 143\,400.$$

Es sind also nur 7800 WE erforderlich. Nimmt man aber an, daß sich aus dem feuchten Chlormagnesium erst Magnesiumhydrat bildet, dessen Bildungswärme $= 217800$ WE, so wären 66 600 WE erforderlich. Die intermediäre Bildung von Magnesiumhydrat dürfte danach ausgeschlossen sein.

151. Soll aus Chlormagnesium Salzsäure hergestellt werden:

$$MgCl_2 + H_2O = MgO + 2\,HCl$$
$$- 151\,200 - 58\,000 + 143\,400 + 44\,000,$$

so sind 21 800 WE erforderlich; dieses Verfahren stellt sich also im Wärmebedarf ungünstiger als die Herstellung von Chlor, weil eben die Bildungswärme des Wasserdampfes größer ist, als die des Chlorwasserstoffes. Noch ungünstiger stellt sich die Sache, wenn man vom krystallisierten Chlormagnesium ausgeht, da bei der Bildung von $MgCl_2 \cdot 6\,H_2O$ aus $MgCl_2$ noch 33 000 WE frei werden, welche bei der Zerlegung wieder zugeführt werden müssen. Die Entwicklung von Salzsäure beim Erhitzen von wasserhaltigem Chlormagnesium ist somit durch thermochemische Vorgänge allein bis jetzt nicht erklärlich.

152. Einfach stellt sich dagegen die Oxydation des Chlorwasserstoffs durch atmosphärischen Sauerstoff beim Deaconschen Verfahren nach den Versuchen von Kingzett.

Bei diesem wird Salzsäuregas mit Luft gemischt bei etwa 430° über mit Kupfersalzen getränkte Tonziegel geleitet:

$$2\,HCl + O = H_2O + Cl_2$$
$$-\,44\,000 \qquad +\,58\,000$$

Für je 71 kg Chlor werden somit in der Deaconschen Zersetzungskammer 14 000 WE frei. Bei guter Isolierung der Wände dürfte diese Wärme genügen, die erforderliche Temperatur der Tonfüllung zu erhalten, ohne besondere Erhitzung des Chlorwasserstoff- und· Luftgemisches.

153. Bei der Verarbeitung von Chlorcalcium ergeben sich:

$$CaCl_2 + O = CaO + Cl_2$$
$$-\,169\,900 \qquad +\,131\,500 \qquad = -\,38\,400\ WE$$

und

$$CaCl_2 + H_2O = CaO + 2\,HCl$$
$$-\,169\,900 - 58\,060 + 131\,500 + 44\,000 = -\,52\,460\ WE.$$

Chlorcalcium stellt sich also bezüglich des zur Zersetzung erforderlichen Wärmebedarfes wesentlich ungünstiger als Chlormagnesium.

154. Bei der Herstellung von Salzsäure aus Chlornatrium und Schwefelsäure bildet sich zunächst Bisulfat:

$$NaCl + H_2SO_4 = NaHSO_4 + HCl$$
$$-\,97\,900 - 192\,200 + 269\,100 + 22\,000.$$

Der Wärmebedarf ist also fast Null. Bei der Bildung von Monosulfat:

$$2\,NaCl + H_2SO_4 = Na_2SO_4 + 2\,HCl$$
$$-\,195\,800 - 192\,200 + 328\,100 + 44\,000$$

sind dagegen 15 900 WE erforderlich; zur Beendigung der Reaktion muß somit das Gemenge erhitzt werden, wie ja auch die Erfahrung zeigt. Praktisch ist sogar ein erheblich größerer Wärmeaufwand erforderlich wegen hoher Strahlungsverluste usw.

155. Zur Berechnung des Gesamtwärmebedarfes eines Sulfatofens sei angenommen, daß die zur Zersetzung von 117 kg Chlornatrium erforderlichen 98 kg Schwefelsäure mit 30 kg Wassergehalt verwendet werden, daß der Chlorwasserstoff im Mittel mit 400°, der Wasserdampf im Durchschnitt mit 500° entweichen, während das Sulfat auf 600° erhitzt wird.

Die spez. Wärme des Sulfates zu 0,232 angenommen, sind zur Erhitzung der 142 kg Sulfat erforderlich.

$$142 \cdot 0,232 \cdot 600 = 19\,766 \text{ WE}$$

Die spez. Wärme des Chlorwasserstoffes ist im Mittel 0,19, somit

$$73 \cdot 0,19 \cdot 400 = 5548 \text{ WE.}$$

Um Wasser von etwa 17° in Dampf von 500° überzuführen, sind

$$83 \cdot 1 + 537 + 400 \cdot 0,47 = 808 \text{ WE}$$

erforderlich, für 30 kg somit 24 240 WE.

Unter Berücksichtigung des Schornsteinzuges u. dgl. mögen für die von dem entwickelten Chlorwasserstoff geleistete Arbeit rund 500 WE gerechnet werden. Somit für

Erhitzung des Sulfates	19 766 WE
Erhitzung des Chlorwasserstoffes . . .	5 548 „
Erhitzung des Wasserdampfes	24 240 „
Chemische Arbeit (Bildungswärme) . .	15 900 „
Mechanische Arbeit d. HCl	500 „
zusammen rund	66 000 WE.

Bei der Salzsäurekondensation sind durch Abkühlung zu beseitigen für

Wasserdampf	24 240 WE
Chlorwasserstoff, Eigenwärme	5 548 „
Chlorwasserstoff, Lösungswärme etwa rund	15 000 „
zusammen rund	45 000 WE.

Hierbei ist vorausgesetzt, daß zwar der Wasserdampf, nicht aber die Feuergase in die Kondensation gelangen.

156. Der leichten Ausführbarkeit der Oxydation des Weldonschlammes entsprechend, ist dieselbe mit Wärmeentwicklung verbunden, indem die Bildung von Oxydulhydrat 94 770, die des Superoxyhydrates 116 280 WE liefert. Die Zersetzung des letzteren mit konz. Salzsäure gibt:

$$MnO_3H_2 + 4\,HCl \cdot aq = MnCl_2 \cdot aq + Cl_2 + 3\,H_2O$$
$$-116\,300 \quad -157\,600 \quad\quad +128\,000 \quad\quad\quad +207\,000$$

rund 38 000 WE. Sobald daher das Gemisch auf die Reaktionstemperatur gebracht ist, geht die Chlorentwicklung leicht vor sich.

Selbstverständlich sollen diese Zahlen nur andeuten, in welcher Weise — auf Grund von entsprechenden Analysen — derartige Rechnungen ausgeführt werden können.

157. Nach der Reaktion

$$2\,KOH \cdot aq + Cl_2 = KCl \cdot aq + KOCl \cdot aq$$

werden bei Bildung von Kaliumhypochlorit in wässeriger Lösung 24 600 WE frei, bei Bildung von Kaliumchlorat in wässeriger Lösung:

$$6\,KOH \cdot aq + 3\,Cl_2 \cdot aq = 5\,KCl \cdot aq + KClO_3 \cdot aq$$

aber 97 900 WE.

158. Welche Wärmemenge wird frei beim Verbrennen äquivalenter Mengen von Metalloxyden mit Aluminiumpulver (Thermitprozeß)?

a)
$$Fe_2O_3 + 2\,Al = Al_2O_3 + 2\,Fe$$
$$-195\,500 \quad\quad\quad +392\,600$$

Es werden 197 000 WE entwickelt, die Temperatur berechnet sich auf etwa 2700°.

b)
$$3\,CuO + 2\,Al = Al_2O_3 + 3\,Cu$$
$$-3 \cdot 37\,700 \quad\quad +392\,600$$

Es werden 279 500 WE entwickelt, die Temperatur berechnet sich auf etwa 3700°.

159. Welche Wärmemenge entsteht beim Zersetzen von Calciumcarbid mit Wasser (Aufgabe 72)?

$$CaC_2 + 2\,H_2O = Ca(OH)_2 + C_2H_2$$
$$-\,(-\,6250) - 138\,000 + 215\,600 - 54\,750,$$

also werden 29 100 WE frei.

***

Elektrochemie.

160. Wieviel Wärme ist erforderlich zur Herstellung von Salpetersäure aus Luft?

Ein hochgespannter elektrischer Strom wird durch die atmosphärische Luft geleitet, wobei der Stickstoff der Luft durch den Sauerstoff eine Oxydation erfährt im Sinne der Gleichung

$$N_2 + O_2 + 2 \cdot 21\,600\,WE = 2\,NO.$$

Die Oxydation des Stickstoffs zu Stickoxyd ist eine endothermische Reaktion, bei der zur Unterhaltung des Oxydationsprozesses die beträchtliche Energie von 21 600 WE aufgewendet werden muß. Es ergeben sich (nach M u t h - m a n n und H o f e r) für den Wärmeverbrauch folgende Beträge:

1 Mol. NO = 30 g Stickoxyd verbrauchen zur

Bildung . . . . 21 600 WE

und zur Erwärmung auf 3000°, da die mittlere Molekularwärme von NO bei konstantem Druck zwischen 0° und 3000° ca. 7 WE ist, $7 \cdot 3000$ . . . . 21 000 ,,

Gleichzeitig werden $30 \cdot \dfrac{96{,}4}{3{,}6}$ g Luft um 3000° erwärmt. Das sind 804 g Luft. Nimmt man das Molekulargewicht der Luft zu 29 an, so hat man 27,7 Moleküle. Diese brauchen zur

Erwärmung $27{,}7 \cdot 21\,000$ . . . . 581 700 ,,

Zusammen . . . . 624 300 WE.

Die 624 300 Calorien entsprechen einer elektrischen Arbeit von 0,724 Kilowattstunden. Zur Herstellung von 1 kg Salpetersäure oder 477 g NO ist die elektrische Arbeit von 11,5 Kilowattstunden entsprechend 15,7 PS-St. erforderlich. (Zeitschr. f. angew. Chemie 1904, S. 1717).

Nach Haber werden praktisch über 13 KW-St. pro kg Salpetersäure verbraucht.

161. Wie bereits S. 45 bemerkt, entspricht 1 KW-St. 862 WE. Nach dem Reichsgesetz vom 1. Juni 1898 betr. die elektrischen Einheiten[1]) liefert 1 Amp. pro Sekunde 1,118 mg Silber und damit auch $\dfrac{1,118}{107,88} = 0,01036$ mg Äquivalente aller übrigen Elemente und Verbindungen. 1 Stundenampere liefert 4,025 g Silber.

---

[1]) Die gesetzlichen Einheiten für elektrische Messungen sind das Ohm, das Ampere und das Volt.

Das Ohm ist die Einheit des elektrischen Widerstandes. Es wird dargestellt durch den Widerstand einer Quecksilbersäule von der Temperatur des schmelzenden Eises, deren Länge bei durchweg gleichem, einem Quadratmillimeter gleich zu achtendem Querschnitt 106,3 cm und deren Masse 14,4521 g beträgt.

Das Ampere ist die Einheit der elektrischen Stromstärke. Es wird dargestellt durch den veränderlichen elektrischen Strom, welcher bei dem Durchgang durch eine wässerige Lösung von Silbernitrat in einer Sekunde 0,001118 g Silber niederschlägt.

Das Volt ist die Einheit der elektromotorischen Kraft. Es wird dargestellt durch die elektromotorische Kraft, welche in einem Leiter, dessen Widerstand ein Ohm beträgt, einen elektrischen Strom von einem Ampere erzeugt.

Folgende Zusammenstellung zeigt die Abscheidungsmengen in Grammen für 1 Amperestunde:

Aluminium	0,337
Antimon	1,518
Arsen	0,933
Blei	3,864
Calcium	0,746
Chrom	0,647
Eisen II	1,041
Gold I	7,356
Kalium	1,458
Kobalt II	1,100
Kupfer Cu I	2,372
Cu II	1,186
Magnesium	0,453
Mangan II	1,026
Natrium	0,858
Nickel	1,095
Platin	1,832
Quecksilber Hg I	7,482
Hg II	3,741
Silber	4,025
Silicium	0,264
Wasserstoff	0,038
Zink	1,220
Zinn II	2,214
IV	1,107

Die zur Zerlegung einer bestimmten Menge einer Verbindung oder Gewinnung eines Elementes oder einer Verbindung erforderliche Arbeitsleistung ergibt sich durch Multiplikation der erforderlichen Amperesekunden oder -stunden mit der durch Versuche festgestellten Spannung in Volt.

162. Stromaufwand bei der Raffinierung von Kupfer. Um den erforderlichen Arbeitsaufwand zu berechnen, hat man durch einen Laboratoriumsversuch mit derjenigen

Stromdichte, welche sich für den Gesamtbetrieb als die günstigste erweist, und mit der beabsichtigten Entfernung der Elektroden die Potentialdifferenz zwischen beiden Elektroden zu messen. Beträgt beispielsweise die Klemmspannung der Maschine 15 Volt, die Spannung am Bade 0,25 Volt, so könnte man, wenn man den Leitungswiderstand außerhalb der Bäder ganz vernachlässigte, allerhöchstens $(15 : 0,25) = 60$ Bäder hintereinander schalten, doch begnügt man sich durchschnittlich mit 40 Bädern. Liefert nun die Maschine bei der genannten Klemmspannung eine Stromstärke von 240· Ampere, entsprechend 283,6 g Kupfer stündlich, so erhält man in 40 hintereinander geschalteten Bädern in der gleichen Zeit 11,344 kg oder in 24 Stunden 272,26 kg Kupfer. Die Arbeit, welche zu einer solchen Leistung verbraucht wird, ergibt sich zu $(240 \cdot 15) : 736 = 4,9$ PS für die Dynamomaschine oder etwa 6 PS für die Dampfmaschine. Zu berücksichtigen ist, daß eine solche Anlage einen Flächenraum von 80 qm einnimmt und daß bei einer Stromdichte von 20 Ampere zum Niederschlagen einer 1 cm dicken Kupferplatte 5 Monate erforderlich sind.

163. Wie groß ist der Energiebedarf für die elektrolytische Herstellung von 5 t Ätznatron in 96 proz. Ware nebst der entsprechenden Menge Chlorkalk?

1 Ampere liefert bei 80 Proz. Nutzeffekt in 1 Stunde 1,19 g NaOH und 1,05 g Cl, in 24 Stunden somit 28,56 g NaOH und 25,2 g Cl. Demgemäß muß der Strom, welcher innerhalb 24 Stunden 1 kg NaOH produzieren soll, eine Stärke von 35 Ampere besitzen.

Zur Überwindung des Widerstandes an den Bädern ist nach Häussermann eine Spannung von 3,5 Volt erforderlich, so daß sich der dauernde Arbeitsaufwand auf $3,5 \cdot 35 = 122,5$ V.-A. stellt.

Für die Herstellung von 5000 kg NaOH sind somit

$$5000 \cdot 0{,}1225 = 612{,}5 \quad \text{Kilowatttage} = \frac{612\,500}{736} = 832$$

elektr. PS von je 24 Stunden notwendig. Gleichzeitig werden, wenn man die unbedeutende Chloratbildung vernachlässigt, $0{,}0252 \cdot 35 \cdot 5000 = 4410$ kg Cl erhalten, welche unter Berücksichtigung der unvermeidlichen Verluste in den Leitungen und in den Absorptionsapparaten etwa 12 500 kg 35 proz. Chlorkalk liefern.

Rechnet man 1 elektr. PS = 1,1 Maschinenpferdekräfte, so beziffert sich der zum Betrieb der Dynamomaschinen erforderliche Kraftbedarf zu 915 eff. PS. Außer diesen 915 PS dürften weiterhin noch 85 PS zum Betrieb von Motoren für die übrige maschinelle Einrichtung, wie Wasser-, Vakuum- und Laugepumpen, Hebevorrichtungen, Zentrifugen, sowie für die Lichtanlage erforderlich sein.

Demgemäß stellt sich der Kraftbedarf für die ganze Anlage bei 24 stündigem Betriebe auf 1000 PS (24 Pferdekraftstunden liefern 5 kg NaOH). Wenn man davon ausgeht, daß große Dampfmaschinen moderner Konstruktion für 1 PS und Stunde nicht mehr als 0,8 kg Steinkohlen verbrauchen, so sind für den 24 stündigen Betrieb der Motoren $0{,}8 \cdot 24 \cdot 1000 = 19\,200$ kg Kohlen notwendig.

Ätzkali stellt sich im Verhältnis von 40 : 56 günstiger.

164. Welche Elektrizitätsmenge ist zur Herstellung von 1 kg Chlor aus Salzwasser erforderlich?

Bezeichnet man nach Beltzer (1909) mit E die elektrische Spannung oder die notwendige elektromotorische Kraft zur Zersetzung eines gegebenen Elektrolyten und mit Q die Elektrizitätsmenge, welche diesen Elektrolyten durchströmt, so ergibt sich die elektrochemische Arbeit der Zersetzung zu $E \cdot Q$.

Wenn E die elektromotorische Kraft in Volt berechnet ausdrückt und Q die Elektrizitätsmenge in Ampere darstellt, dann ist die Arbeit $T = E \cdot Q$ in Watt angegeben. Um diese Arbeit in Gestalt von mechanischen Einheiten auszudrücken, hat man bekanntlich das Produkt $Q\,E$ durch die Einheit der Beschleunigung $= 9{,}81$ zu dividieren. Es ist also $\dfrac{Q\,E}{9{,}81} =$ Arbeit ausgedrückt in mechanischen Einheiten. Diese elektrochemisch zu leistende Arbeit ist äquivalent der Arbeit bei der Bildung des Elektrolyten in Form von Calorien.

Mit H sei die Wärmemenge in Calorien bezeichnet, welche von 1 g eines bei der Elektrolyse frei gewordenen Ions geliefert wird, sobald dieses Ion aufs neue mit einem anderen Element in Verbindung tritt, um den Elektrolyten wieder zurückzubilden. Mit z sei das elektrochemische Äquivalent des frei gewordenen Körpers bezeichnet. Das im ganzen frei gewordene Gewicht durch Q Coulomb sei gleich $Q\,z$.

Die Entstehungswärme der Elektrolyten bei der Bildung aus diesem Elemente ist $Q\,z\,H$; sie ist gleich der Arbeit der Zersetzung $Q\,E$. Um diese Entstehungswärme in Gestalt von mechanischer Kraft zum Ausdruck zu bringen, genügt es, das Produkt $Q\,z\,H$ mit dem mechanischen Wärmeäquivalent von 427 kg pro Calorie oder 0,427 kg pro Grammcalorie zu multiplizieren.

Um die Arbeit bei der Zerlegung der Arbeit bei der Entstehung gleichzusetzen, besteht die Formel:

$$\frac{Q\,E}{9{,}81} = 0{,}427 \, Q\,z\,H, \quad \text{daraus } E = 4{,}169\,H\,z.$$

Wendet man diese Formel für die Elektrolyse einer Chlornatriumlösung an und ruft sich ins Gedächtnis, daß die entstehende Wärme bei der Vereinigung von 1 g Chlor mit Natrium aus $\dfrac{97\,700}{35{,}5}$ Cal. $= 2750$ Cal. besteht, berücksichtigt man ferner, daß das elektrochemische Äquivalent von Chlor 0,0003682 g beträgt, so ist die geringste notwendige elektromotorische Kraft zur Elektrolyse von Kochsalz $E = 4{,}17 \cdot 0{,}0003682 \cdot 2750 = 4{,}2$ Volt. Praktisch ist es notwendig, im Minimum eine elektromotorische Kraft von 5 Volt zu verwenden, welche imstande ist, den Widerstand des Elektrolyten von 4,2 Volt zu überwinden.

Zur Berechnung der nötigen elektrischen Energie, um 1 kg Chlorgas aus seinem Elektrolyten Salzwasser freizumachen, genügt es, festzuhalten, daß 1 Amp.-St. 1,3245 g Chlor bei einer Spannung von 5 Volt in Freiheit setzt.

5 Watt erzeugen stündlich $=$ 1,3245 g Chlor,

5 Kilowatt erzeugen stündlich $=$ 1,3245 kg Chlor. Nimmt man eine Kraftleistung von 80 Proz. der theoretischen an, so bedürfte es also im Minimum 5 Kilowattstunden, um ungefähr 1 kg Chlorgas zu gewinnen.

165. Herstellung von Bleichlauge.

Nach Kellner wird eine 10- bis 11 proz. Steinsalzlösung benutzt, und in ihr ein Gehalt von etwa 1 g bleichendem Chlor $=$ 0,225 g Hypochloritsauerstoff auf 100 ccm erzeugt, und zwar mit 50 bis 70 Proz. Stromausbeute. Nimmt man hiervon das Mittel und berücksichtigt, daß zwischen je zwei eine Zelle bildenden Elektroden eine Klemmenspannung von 5,75 Volt herrscht, so ergibt sich, daß 1000 KW-St. 138 kg bleichendes Chlor erzeugen.

166. Kaliumchlorat aus Chlorkalium.

Nimmt man die Badspannung zu 3,3 Volt, die Stromausbeute zu 52 Proz. an, so ergibt sich für 1 Stunde und eff. Pferdekraft von 736 Volt-Amp. eine Produktion von 88,14 g $KClO_3$, oder 1 kg $KClO_3$ erfordert einen Kraftaufwand von $11\frac{1}{3}$ eff. Pferdekraftstunden.

167. Herstellung von Natrium aus geschmolzenem Ätznatron. (Castner 1890.)

Die Bildungswärme von Ätznatron in Lösung ist

$$2\,Na + 2\,H_2O = 2\,NaOH + H_2$$
$$- 2 \cdot 69\,000 + 2 \cdot 112\,500$$

$= 43\,500$ WE pro Mol. Natrium. Davon ab 9800 WE für die Auflösung in Wasser, bleiben 33 700 WE. Danach würde die Zersetzungsspannung des Ätznatrons 33 700 : 23 000 $= 1{,}5$ Volt betragen. Praktisch sind aber 4,5 bis 5 Volt erforderlich. Die Technik arbeitet mit etwa 40 Proz. Ausbeute.

168. Die Ausbeute eines Kilowatt an elektrochemischen Erzeugnissen[1]). Eine Anlage von 2 bis 3000 Kilowatt vermag für 1 Kilowattjahr zu erzeugen: 16—1800 kg Calciumcarbid; 1000—1100, 500—600, 350 bis 400 kg Ferrosilicium von entsprechend 50, 75 und 90 Proz.; 800—900 kg Ferrochrom mit 8 Proz. C; 300 kg Ferrinickel zu 50 Proz.; 1000 kg Ferrowolfram zu 50 Proz; 900 kg Ferromolybdän; 250—270 kg Aluminium zu 98 bis 99 Proz.; 15—1800 kg Aluminiumnitrid zu 20 Proz. N; 300 kg krystallisiertes und 500—600 kg amorphes Carborundum; 350 kg Ca-Nitrat; 6—8000 kg NaCl oder Na-Chlorat; 3—4 t Gußeisen; 10—12 t Feinstahl (saures Verf.) 2 t Elektrolytzink; 12 t Zink (elektrothermisches Verf.) 90—95 t Elektrolytkupfer; 2—3 t Kupfer (auf elektrothermischem Wege); 550 kg Na; 140—150 kg Ca oder Mn; 10 t Ferromangan.

---

[1]) Bull. Soc. encour. industrie nationale, 1918, 282—283.

Hüttenwesen.

169. Berechnung der Schlackenzahl p[1]). Die Zahl
drückt aus, wieviel Gewichtsteile Basen auf 100 Gewichtsteile Säuren kommen, Al_2O_3 als Säure gerechnet.

Welches ist die Schlackenzahl p einer Thomasroheisen-
schlacke von 35,2 Proz. SiO_2, 42,0 Proz. CaO, 10,0 Proz.
Al_2O_3, 3,0 Proz. MgO, 2,8 Proz. CaS, 6,3 Proz. MnO,
0,7 Proz. FeO?

Summe der Basen $= 42,0 + 3,0 + 6,3 + 0,7 = 52,0$.
Summe der Säuren $= 35,2 + 10,0 = 45,2$.

$$p = 100 \cdot \frac{52,0}{45,2} = 115.$$

170. Bewertung von Koks: Der Koks habe 10 Proz.
Asche, 4 Proz. Wasser, 0,8 Proz. Schwefel, außerdem 1 Proz.
Wasserstoff und Sauerstoff, daher 84,2 kg Kohlenstoff in
100 kg Koks. Die Koksasche soll 45 Proz. SiO_2, 33 Proz.
Al_2O_3, 11 Proz. Fe_2O_3, 3,6 Proz. CaO, 4,4 Proz. MgO,
0,7 Proz. P_2O_5, 1,1 Proz. SO_3 (0,44 S) enthalten.

Es soll ein Gießereieisen mit der Schlackenzahl p
$= 90$ Proz. erblasen werden. Der Zuschlagskalk soll 97 Proz.
$CaCO_3$, 3 Proz. $SiO_2 + Al_2O_3$ enthalten.

Zur Verschlackung von 100 kg Koksasche sind erforderlich: $\dfrac{90}{100}$ $(45 + 33) - (3,6 + 4,4) = 62$ kg CaO.

Zur Bindung von 0,44 kg S . . . . 0,8 kg CaO.

zusammen: 62,8 kg CaO

entsprechend 112,4 kg $CaCO_3$. Diese wieder entsprechen
$112,4 + 9$ Proz.[2]) $= 123$ kg Kalkstein.

---

[1]) Stahl u. Eisen 1914.
[2]) Bei 3 Proz. $SiO_2 + Al_2O_3$ im Kalkstein muß man nach
Osann 109 kg Kalkstein anwenden, um 100 kg $CaCO_3$ verfügbar zu haben, bei 2 Proz. 106 kg, bei 1 Proz. 103 kg.

Demnach entfallen auf 100 kg Koks 12,3 kg Kalkstein; außerdem noch zur Bindung von
0,8 Proz. S . . . . 2,8 „ „

zusammen: 15,1 kg Kalkstein.

Es entstehen demnach für 100 kg Koks (mit Asche, die 86 Proz. schlackengebende Bestandteile enthält, und Kalk mit 57 Proz. schlackengebenden Bestandteilen)

$$10 \cdot \frac{86}{100} + 15,1 \cdot \frac{57}{100} + 0,8 = 18,0 \text{ kg Schlacke,}$$

$$\frac{15,1 \cdot 43}{100} = 6,5 \text{ kg Kohlensäure, } 4,0 \text{ kg Wasser.}$$

Demnach sind bei einer Windtemperatur von 600° aufzuwenden:

Für Schlackenschmelzung 18 · 0,16 . 2,88 kg Kohlenstoff
Für Kohlensäureaustreibung 6,5 · 0,29 1,88 „ „
Für Wasserverdampfung 4,0 · 0,20 . 0,80 „ „

zusammen: 5,56 kg Kohlenstoff

entsprechend 6,6 kg Koks.

Demnach sind für 84,2 kg Kohlenstoff 106,6 kg Koks erforderlich. Und für 100 kg verfügbaren Kohlenstoff 127 kg Koks. Außerdem sind (15,1 : 100) · 127 = 192 kg Kalkstein aufzubringen.

171. Wie bewertet man Eisenerze? Es sei:

x Preis bzw. Wert des Eisensteins frei Versandstation
    für je 10 000 kg,
f Fracht für 10 000 kg Eisenstein,
e Ausbringen aus dem Eisenstein an Roheisen in Proz.,
r Gehalt des Eisensteins an Kieselsäure in Proz.,
E Gehalt des Eisensteins an kohlensaurem Kalk in Proz.,
C Preis von 10 000 kg Koks ab Versandstation,
F Fracht für 10 000 kg Koks,
K Preis von 10 000 kg Kalkstein frei Hütte,

v Verbrauch an Koks für je 1000 kg Roheisen in kg,

g Generalia für je 1000 kg Roheisen,

P Gestehungskosten für je 1000 kg Roheisen.

Die Gestehungskosten P für je 1000 kg Roheisen setzen sich zusammen:

1. aus den Kosten für Eisenstein.

Aus 10 000 kg Eisenstein, welche frei Hütte $(x + f)$ Mark kosten, werden erzeugt $\dfrac{10\,000 \cdot e}{100}$ kg $= \dfrac{e}{10}$ Tonnen Roheisen.

Die Kosten des für 1000 kg Roheisen erforderlichen Eisensteins betragen sonach $(x + f) \cdot \dfrac{10}{e}$ Mark.

2. aus den Kosten für Kalkstein.

Für 1 Teil Kieselsäure sind 2,5 Teile Kalkstein zuzuschlagen, von welchen der in dem Eisenstein enthaltene kohlensaure Kalk in Abzug zu bringen ist. Für 10 000 kg Eisenstein mit r Proz. Kieselsäure und E Proz. kohlensaurem Kalk sind also $100 \cdot (2{,}5 \cdot r - E)$ kg Kalkstein zuzuschlagen.

Aus 10 000 kg Eisenstein werden $100 \cdot e$ kg Roheisen erzeugt, es sind also für $100 \cdot e$ kg Roheisen $100\,(2{,}5 \cdot r - E)$ kg und für 1000 kg Roheisen $\dfrac{1000}{100 \cdot e} \cdot 100 \cdot (2{,}5 \cdot r - E)$

$= \dfrac{1000}{e} (2{,}5 \cdot r - E)$ kg Kalkstein zuzuschlagen, welche

$\dfrac{1000}{e} (2{,}5 \cdot r - E) \cdot \dfrac{K}{10\,000} = (2{,}5 \cdot r - E) \cdot \dfrac{K}{10 \cdot e}$ Mark kosten.

Für 1000 kg Roheisen werden v kg Koks gebraucht, welche $v \cdot \dfrac{C + F}{10\,000}$ Mark kosten.

Die Gestehungskosten des Roheisens für je 1000 kg betragen hiernach

$$P = (x + f) \cdot \dfrac{10}{e} + (2{,}5 \cdot r - E) \cdot \dfrac{K}{10 \cdot e} + v \cdot \dfrac{C + F}{10\,000} + g,$$

und hieraus ergibt sich der Wert x eines beliebigen Eisensteins, wenn die Gestehungskosten des daraus dargestellten Roheisens P Mark betragen sollen, zu

$$x = \frac{P \cdot e}{10} - f - \frac{K}{100} \cdot (2{,}5 \cdot r - E) - \frac{e}{10} \cdot \left(v \cdot \frac{C+F}{10\,000} + g \right).$$

172. 2 Roteisensteine mit 48 bzw. 30 Proz. Eisen, 25 bzw. 12 Proz. Kieselsäure, 3 bzw. 40 Proz. kohlensaurem Kalk; ferner $f = 30$, $C = 115$, $F = 35$, $K = 33$, $v = 900$, $g = 5$, $P = 49$.

Für den Eisenstein mit 48 Fe, 25 SiO_2, 3 $CaCO_3$ gilt dann

$$1. \quad x = \frac{49 \cdot 48}{10} - 30 - \frac{33}{100} \cdot (2{,}5 \cdot 25 - 3) - \frac{48}{10} \left(900 \cdot \frac{115+35}{10\,000} + 5 \right)$$
$$= 96{,}765 \text{ Mk.}$$

Für den Eisenstein mit 30 Proz. Fe, 12 Proz. SiO_2, 40 Proz. $CaCO_3$ gilt

$$2. \quad x = \frac{49 \cdot 30}{10} - 30 - \frac{33}{100} \cdot (2{,}5 \cdot 12 - 40) - \frac{30}{10} \left(900 \cdot \frac{115+35}{10\,000} + 5 \right)$$
$$= 64{,}80 \text{ Mk.}$$

173. Berechnung des Zuschlagkalkes im Möller. Zu berücksichtigen sind folgende Gesichtspunkte: Schwefelgehalt des Koks und des Erzes (nach Osann auf 1 Teil Schwefel 1,8 Teile CaO); Kieselsäure- und Tonerdegehalt des Erzes, soweit dieselben nicht durch eigene schlackengebende Bestandteile (Kalk, Magnesia, Mangan und Eisenoxydul) gedeckt werden; Siliciumgehalt des Roheisens, indem dieser die Kieselsäuremenge der Schlacke vermindert; Koksasche, die in bezug auf Verschlackung in einer bestimmten Kalkmenge, die für jede Tonne Koks verrechnet wird, zur Geltung kommt; Kieselsäure und Tonerdegehalt des Kalkes selbst.

Eine Hochofenschlacke für Hämatit für Gießerei- und Martinzwecke enthalte: 33 Kieselsäure, 14 Tonerde, 0,5

Eisenoxydul, 2,0 Manganoxydul, 44 Kalk, 4,0 Magnesia, 1,7 Schwefel; 1,7 kg Schwefel beanspruchen 3,0 kg Kalk zur Bildung von CaS; Sa. Säuren $= 33 + 14 = 47$; Sa. Basen $= 0,5 + 2,0 + (44 — 3) + 4,0 = 47,5$; Sa. Basen $= p$ Proz. von Sa. Säuren, $p = 101$ Proz. Ist ein Erz gegeben, dessen Zuschlagskalkmenge berechnet werden soll, so kann angenommen werden, daß $1/_3$ des Mangangehaltes, bei Ferromanganen bis $1/_2$, verschlackt wird und 0,2 bis 0,5 Proz. des Eisengehaltes im Erz bei grauem und höhermanganhaltigem Roheisen, 1 Proz. bei weißem Eisen als Eisenoxydul verschlackt werden.

174. Ein Eisenerz soll auf Thomasroheisen mit 93 Proz. Fe, 0,7 Proz. Si verschmolzen werden bei $p = 115$ (Osann). Wieviel Kalkstein mit 3 Proz. $SiO_2 + Al_2O_3$ ist erforderlich?

Analyse des Erzes: 21,1 Proz. SiO_2, 4,5 Proz. Al_2O_3, 49,7 Proz. Fe_2O_3, ($= 34,8$ Proz. Fe), 0,5 Proz. Mn_2O_3, 3,1 Proz. CaO, 0,2 Proz. MgO, 1,6 Proz. P_2O_5, 2,6 Proz. CO_2, 0,1 Proz. S, 16,6 Proz. Wasser.

Auf 93 kg Fe kommen 0,7 kg Si,
Auf 35 kg Fe kommen 0,27 kg Si, entspr. 0,6 kg SiO_2.

49,7 kg Fe_2O_3 entsprechen 44,7 kg FeO, davon 1 Proz. in die Schlacke $= 0,5$ kg FeO.

0,5 kg Mn_2O_3 entsprechen 0,45 kg MnO, davon $1/_3$ in die Schlacke $= 0,15$ kg MnO.

Basen $= 0,5 + 0,15 + 3,1 + 0,2 = 3,95$ kg.
Säuren $= (21,1 — 0,6) + 4,5 = 25,0$ kg.

$$(3,95 + x) : 25,0 = 115 : 100$$

$x =$ Menge des erforderlichen CaO $= 24,8$ kg.

Um 0,1 kg S zu binden, sind $0,1 \cdot 1,8 = 0,18$ kg CaO erforderlich. Zusammen rund 25,0 kg CaO, entsprechend

$$44,6 \text{ kg } CaCO_3 = 44,6 \cdot \frac{109}{100} = 48,6 \text{ kg Kalkstein.}$$

175. Gegeben ein Brauneisenerz aus Bilbao, welches auf Gießereieisen bei $p = 90$ Proz. verschmolzen werden soll.

Zusammensetzung: 47,2 Fe, 13,5 Rückstand, 0,9 Al_2O_3, 1,3 MnO, 0,3 CaO, 0,2 MgO, 0,07 S, 0,03 P, 10 Hydrat- und 6,7 hygr. Wasser. Erforderliche Kalkmenge

$$= \frac{90}{100} \, (13,5 - 3,0 + 0,9) - (0,3 + 0,2 + 0,43 + 0,18).$$

(Es werden 3 kg Kieselsäure von dem Roheisen mit 3 Proz. Silicium entzogen; $^1/_3 \cdot 1,3 = 0,43$ Manganoxydul und $\frac{0,3}{100} \cdot 60 = 0,18$ Eisenoxydul verschlackt.) Kalkmenge

$$= \frac{90}{100} \cdot 11,4 - 1,1 = 9,16 \text{ kg, entsprechend 16,1 kg koh-}$$

lensaurer Kalk, entsprechend $\dfrac{16,1 \cdot 106^{1)}}{100} = 17,07$ kg Kalk-

stein, wenn dieser 2 Proz. $SiO_2 + Al_2O_3$ enthält. Hinzu kommen noch $0,07 \cdot 3,5 = 0,25$ kg Kalkstein zur Schwefelbindung, im ganzen also sind 17,32 kg Kalkstein für 100 kg Erz erforderlich (Osann).

176. Eine kalkarme Minette a soll mit einer Minette b zusammen gemöllert werden, wenn $p = 95$ Proz., der Siliciumgehalt des Roheisens (manganarmes Thomaseisen) 0,1 bis 0,2 Proz. und der Gehalt der Schlacke an Eisenoxydul 0,4 Proz. beträgt.

	Minette a	Minette b
Rückstand	12,8	6,9
Eisenoxyd	50,2	33,9
Tonerde	5,9	3,8
Kalk	5,4	20,9
Glühverlust	12,7	23,8
Phosphorsäure	1,8	1,1
Manganoxyduloxyd	0,5	0,4
Magnesia	0,8	0,5
Feuchtigkeit	9,6	9,0
zusammen:	99,7	100,3

$^1)$ Vgl. Fußnote S. 94.

	Minette a	Minette b
Met. Eisen	35,1	23,7
Phosphor.	0,77	0,5
Mangan	0,35	0,29
Manganoxydul	0,45	0,37

Das Roheisen nimmt 0,1 kg Rückstand auf. Verschlackt werden bei a) 0,15 Manganoxydul, 0,17 Eisenoxydul,
„ b) 0,12 „ 0,12 „

Berechnung des Kalkbedarfs bzw. Kalküberschusses für 100 kg Erz:

Kalkbedarf für Minette a

$$= \left(12,8 - 0,1 + 5,9 \cdot \frac{95}{100}\right) - (5,4 + 0,8 + 0,15 + 0,17)$$
$$= 11,34 \text{ kg}.$$

Kalküberschuß bei Minette b

$$= (20,9 + 0,5 + 0,12 + 0,12) - (6,9 - 0,1 + 3,8) \cdot \frac{95}{100}$$
$$= 11,46 \text{ kg}.$$

Demnach verlangen 1000 kg Minette a (11,34 : 11,46) 1000 = 989 kg Minette b.

177. Berechnung des Hochofenmöllers. Für basische Schlacken, wie solche beim Betriebe auf Thomas- und Gießereiroheisen abfallen, wurde das Verhältnis von Blum zu $\frac{CaO}{SiO_2} = \frac{58,3}{41,7}$ festgestellt. Da im luxemburgisch-lothringischen Hüttenbetrieb in solchen Schlacken gewöhnlich ein Mittelwert von 31 Proz. Kieselsäure zu verzeichnen ist, mußten zur Bildung des Kalksilicates $3 CaO \cdot 2 SiO_2$ darin 43,34 Proz. Kalk enthalten sein. Bei einem Schwefelgehalte von 1 Proz. sind weitere 1,44 Proz. Kalk einzusetzen, welche als Schwefelcalcium vorhanden sind. Die Schlacke müßte demnach auf 31 Proz. Kieselsäure 43,34 + 1,44 = 44,78 Proz., abgerundet 45 Proz. Kalk enthalten. Das Verhältnis bei der Berechnung des Möllers unter

Berücksichtigung eines Schwefelgehaltes von 1 Proz. ist also durch $\dfrac{CaO}{SiO_2} = \dfrac{45}{31}$ auszudrücken.

178. Berechnung der Erzkosten. Dieselben haben die für 1000 kg Roheisen aufgewendete Erzmenge zur Grundlage, außerdem die Verluste durch Verschlackung und Verstaubung, die allerdings durch die Eiseneinnahme aus Koksasche und Kalkstein abgemindert werden. Der Staubgehalt im Kubikmeter Gichtgas schwankt zwischen 5 bis 20 g, der Eisengehalt des Staubes zwischen 12 und 45 Proz., der Staubungsverlust somit etwa 1 bis 4 Proz. Die Verluste durch Verschlackung werden meist durch den Eisengehalt der Koksasche aufgewogen. Sie betragen bei grauem und höhermanganhaltigem Roheisen bei einem Eisengehalt der Schlacke von 0,5 Proz. etwa 0,35 bis 0,55 Proz., je nach der Schlackenmenge, die 70 bis 110 kg für 100 kg Roheisen beträgt (die letztgenannte Zahl bezieht sich auf das Minetterevier). Rechnet man 110 kg Koks mit 7 Proz. Asche auf 100 kg Roheisen, so genügt bereits ein Gehalt von 7 bis 11 Proz. Eisenoxyd in der Koksasche, um diesen Verlust wieder auszugleichen.

179. Wärmebindung bei der Schlackenbildung. Die Bildungswärme folgender Silicate und Aluminate bestimmt Tschernobaeff (1905):

$$SiO_2 + CaCO_3 = CaOSiO_2 + CO_2 - 27{,}3 \text{ WE,}$$
$$SiO_2 + 2\,CaCO_3 = SiO_2 \cdot 2\,CaO + 2\,CO_2 - 62{,}0 \text{ WE,}$$
$$SiO_2 + 3\,CaCO_3 = SiO_2 \cdot 3\,CaO + 3\,CO_2 - 107{,}9 \text{ WE,}$$
$$Al_2O_3 + CaCO_3 = Al_2O_3 \cdot CaO + CO_2 - 44{,}7 \text{ WE,}$$
$$Al_2O_3 + 2\,CaCO_3 = Al_2O_3 \cdot 2\,CaO + 2\,CO_2 - 87{,}0 \text{ WE,}$$
$$Al_2O_3 + 3\,CaCO_3 = Al_2O_3 \cdot 3\,CaO + 3\,CO_2 - 132{,}5 \text{ WE,}$$
$$2\,SiO_2 + Al_2O_3 + 3\,CaCO_3$$
$$= 2\,SiO_2 \cdot Al_2O_3 \cdot 3\,CaO + 3\,CO_2 - 101{,}9 \text{ WE,}$$
$$2\,SiO_2 \cdot Al_2O_3 + 3\,CaCO_3$$
$$= 2\,SiO_2 \cdot Al_2O_3 \cdot 3\,CaO + 3\,CO_2 - 116{,}8 \text{ WE.}$$

180. Wärmeverhältnisse im Hochofen. Die Berechnung der Wärmeausgabe für 100 kg aus Minette erzeugten Gießereiroheisens beruht nach Osann[1]) auf folgenden Grundwerten[2]):

1 kg Fe aus Fe_2O_3 reduziert	1796 WE
1 kg „ „ FeO „	1352 „
1 kg Mn „ Mn_3O_4 „	1970 „
1 kg „ „ MnO „	1730 „
1 kg Si „ SiO_2 „	7830 „
1 kg P „ P_2O_5 „	5760 „
1 kg Schlacke erfordert zur Schmelzung und Überhitzung, je nach der Roheisengattung	400—500 „
1 kg Roheisen ebenso	250—350 „
1 kg Kohlensäure erfordert zur Austreibung .	943 „
1 kg Hydratwasser	701 „
1 kg Feuchtigkeitswasser.	626 „
1 kg Wasser des Gebläsewindes erfordert zur Zerlegung	3220 „
1 kg C verbrennt zu CO mit	2473 „
1 kg C verbrennt zu CO_2 mit	8080 „
1 kg CO verbrennt zu CO_2 mit	2403 „

Grundlagen: Koksverbrauch $= 126$ kg. Der Koks enthält 12,5 Proz. Asche, 2,5 Proz. flücht. Bestandteile, 7,2 Proz. Feuchtigkeit, 77,8 Proz. C. Zur Verbrennung stehen zur Verfügung, da das Roheisen 4 Proz. C enthält:

$$126 \cdot \frac{77,8}{100} - 4,0 = 94,0 \text{ kg C.}$$

Demnach sind in den Gichtgasen enthalten, da 30,3 kg CO_2 aus der Beschickung für 100 kg Roheisen einfließen:

$$94,0 + 30,3 \cdot \frac{3}{11} = 102,2 \text{ kg C.}$$

---

[1]) Stahl und Eisen 1916, S. 477, 530, 783.
[2]) Die angesetzten Werte weichen von den von uns benutzten etwas ab.

Gichtgasanalyse. (Trockene Gase, Raumteile):

$$\left.\begin{array}{l} 11,2 \text{ Proz. } CO_2 \\ 26,5 \text{ Proz. } CO \\ 0,3 \text{ Proz. } CH_4 \end{array}\right\} \quad 38,0 \text{ cbm mit } 0,536[1]) \cdot 38 = 20,4 \text{ kg C.}$$

1,5 Proz. H

60,5 Proz. N

100,0 Proz. oder 100 cbm Gichtgas mit 20,4 kg C.

$$\text{Gichtgasmenge} = \frac{102,2}{20,4} \cdot 100 = 501 \text{ cbm.} \quad \text{Windmenge}$$

$$= 501 \cdot \frac{60,5}{100} \cdot \frac{100}{79} = 384 \text{ cbm.} \quad \text{Windtemperatur } 800°.$$

Gichtgastemperatur 130°. Die übrigen Werte enthält folgende Tabelle.

		Eisen gebunden als		Sauerstoff		Kohlensäure in der Beschickung	Wasser in der Beschickung	
	kg	Oxyd kg	Oxydul kg	in Proz. d. Eisens, Mangans usw.	kg	kg	kg	kg
Minette I . . .	226	92	—	43	39,56	25	38,4	54,9
Minette II . . .	97					5,3	16,5	
Koksasche . . .	15					—	—	
zusammen	338							
Mangan . . (im Roheisen)	—	0,3 — gebund. als Mn_3O_4	39	0,12	—	—	
Silicium . . (im Roheisen)	—	2,0 — SiO_2	114	2,28	—	—	
Phosphor . . (im Roheisen)	—	1,7 — P_2O_5	129	2,19	—	—	
Kohlenstoff . (im Roheisen)	—	4,0	—	—	—	—	—	
Koks	126,0	—	—	—	—	—	9,1	
zusammen		100,0 Roheisen			44,15	30,3	64,0	

$$\text{Schlackenmenge} = 338 - (100 + 44,15 + 30,3 + 54,9)$$
$$= 109 \text{ kg.}$$

[1]) Vgl. Aufgabe Nr. 130.

Wärmeausgabe für 100 kg erzeugtes Roheisen:

92 kg Fe aus Fe_2O_3 reduziert à 1796 = 165 232 WE
— kg Fe „ FeO „ à 1352 = — „
0,3 kg Mn „ Mn_3O_4 „ à 2273 = 682 „
2,0 kg Si „ SiO_2 „ à 7830 = 15 660 „
1,7 kg P „ P_2O_5 „ à 5760 = 9 792 „
Zum Schmelzen und Überhitzen
 von 100 kg Roheisen . . . . à 280 = 28 000 „
 von 110 kg Schlacke . . . . à 500 = 55 000 „
Zum Austreiben von 30,3 kg CO_2. à 943 = 28 573 „
Zum Austreiben von 64,0 kg H_2O à 700 = 44 800 „
3,5 kg Wasserdampf zersetzt . . à 3220 = 11 270 „
501 cbm trockene Gase entführen
 bei 130°: 501 · 130 · 0,32 . . . . = 20 842 „
Für 100 kg Roheisen werden 1600 l Kühl-
 wasser gebraucht, die um 10° erwärmt
 werden. . . . . = 16 000 „
Strahlungs- und Leitungsverluste . . . . = 65 800 „
Gesamte Wärmeausgabe . . . . 461 651 WE.

Wärmeeinnahme.

In 1 cbm CO_2 oder CO oder CH_4 sind immer 0,536 kg C
enthalten (vgl. Aufgabe Nr. 130); folglich kann man die
C-Menge einfach im Sinne der Prozentzahlen:

$$CO_2 \quad CO \quad CH_4 \qquad CO_2 \quad CO \quad CH_4$$
$$11,2 : 26,5 : 0,3 \quad \text{oder} \quad 29,4 : 69,8 : 0,8 \text{ (Summe 100)}$$

verteilen. Von 94 kg C kommen 29,4 Proz. auf CO_2,
69,8 Proz. auf CO und 0,8 Proz. auf CH_4. 30,3 kg CO_2
der Beschickung enthalten 8,2 kg C.

Verbrennungswärme.

$$\left(102 \cdot \frac{29,4}{100} - 8,2\right) \cdot 8080 \qquad = 176\,047 \text{ WE}$$

$$102 \cdot \frac{69,8}{100} \cdot 2473 \qquad\qquad = 176\,068 \quad \text{„} \quad 352\,115 \text{ WE.}$$

Windwärme.

384 cbm Wind führen bei 800° ein:

384 · 800 · 0,35 = 107 520 WE
384 cbm Wind enthalten 384
· 9 g = 3,5 kg Wasserdampf;
diese führen ein: 3,5 · 800
· 0,72 = 2 016 „ 109 536 „
Gesamte Wärmeeinnahme . . . . 461 651 WE.

Die Wärmeausgabe verteilt sich mit:

41 Proz. auf Reduktionswärme,
18 „ „ Schmelzwärme,
16 „ „ Vorbereitungswärme,
2 „ „ Wasserdampfzerlegung,
5 „ „ Gichtgaswärme,
4 „ „ Kühlwasserwärme
14 „ „ Strahlungsverluste.
100 Proz.

Die Wärmeeinnahme mit 77 Proz. auf C-Verbrennung und mit 23 Proz. auf den Wind.

181. Beispiel (nach Osann): Brauneisenerz aus Bilbao für 100 kg Roheisen (bei Erzeugung von Gießereieisen mit 0,1 Proz. Phosphor, met. Eisen = 93) = 198 kg, hierzu 2 Proz. Verluste, ergibt 202 kg Erz. Menge an Zuschlagskalk = 17,3 für 100 kg Erz, 35 kg für 100 kg Roheisen.

Schlackenmenge aus dem Erz
= 13,5 + 0,9 + 0,3 + 0,2 + 0,5 + 0,2 = 15,6 kg
aus dem Kalkstein
= 0,4 + 9,5 = 9,9 kg
zusammen für 100 kg Erz 25,5 kg.

Kohlensäuremenge   7,4 kg aus dem Kalkstein ⎫
Hydratwasser. . . .10,0 kg „   „ Erz   ⎬ für 100 kg
Feuchtigkeit . . . 6,7 kg „   „   „   ⎭ Erz

Für 100 kg Roheisen also 52 kg Schlacke, 15 kg Kohlensäure, 20 kg Hydratwasser, 14 kg Feuchtigkeit.

Es müssen kg C aufgewendet werden für 100 kg Roheisen bei einer Windtemperatur von 600°:

Zur Eisenreduktion bei einer Reduktionsziffer

$$= 60\ \text{Proz.} : \frac{40}{100} \cdot 93 \cdot 0{,}56 \quad \ldots \ldots \ldots \quad 20{,}83\ \text{kg C}$$

„   Reduktion der Nebenbestandteile. . . .   7,96
„   Roheisenschmelzung 10,90
„   Schlackenschmelzung 0,52 · 15,6   8,11
„   Kohlensäureaustreibung 15 · 0,29   4,35
„   Verdampfung des Hydratwassers 20 · 0,22   4,40
„   Verdampfung der Feuchtigkeit 14 · 0,2   2,80

zusammen: 59,35 kg C

Zuschlag für Ausstrahlungsverluste usw.
  40 Proz. von 59,35 23,74
In das Roheisen gehen   4,00

zusammen: 87,09 kg C

entsprechend 111 kg Koks.

182. Kalkreicher Roteisenstein aus der Lahngegend (sog. Flußstein). Zusammensetzung: 31 Fe, 45 $CaCO_3$, (25 CaO), 7 Rückstand, 0,2 P, 4 H_2O, 20 CO_2. Erzmenge für 100 kg Gießereieisen (Fe = 92) = 297 kg, bei 1 Proz. Verlust also 300 kg. Kalkmenge: Es ist (bei p

$$= 90\ \text{Proz.)}\ 25 + 0{,}15 - \frac{90}{100}\,(7-3) = 21{,}5\ \text{kg CaO im}$$

Überschuß.

Diese entsprechen nach Osann etwa 40 kg $CaCO_3$ und 44 kg Kalkstein. Letztere enthalten etwa 25 kg schlackengebende Bestandteile und 19 kg Kohlensäure, die gespart werden, also dem Erze zugute kommen.

für 100 kg
Roheisen

Kalkmenge für 100 kg Roheisen . . . . — kg

Schlackenmenge $= 3 \cdot (25 + 7) - 3 \cdot 25$ . . . . . 21 „

Kohlensäuremenge $= 3 \cdot 20 - 3 \cdot 19$ . . . . 3 „

Wassermenge $3 \cdot 4$ . . . . 12 „

Es müssen aufgewendet werden für 100 kg Roheisen bei 600° Windwärme:

Zur Eisenreduktion $\dfrac{55}{100} \cdot 92 \cdot 0{,}56$ . . . . 28,3 kg

„ Reduktion der Nebenbestandteile . . . . . 9,0 „

„ Roheisenschmelzung . . . . 10,9 „

„ Schlackenschmelzung $0{,}21 \cdot 15{,}6$ . . . . . . 3,3 „

„ Kohlensäureaustreibung $3 \cdot 0{,}29$ . . . . . 0,9 „

„ Wasserverdampfung $12 \cdot 0{,}20$ . . . . 2,4 „

zusammen: 54,8 kg

Hierzu 40 Proz. für Ausstrahlung usw. . . . . . 21,9 „

In das Roheisen gehen . . . . 4,0 „

zusammen: 80,7 kg

entsprechend 102,5 kg Koks.

183. Wie stellen sich jetzt (1910) die Wärmeverhältnisse der Hochöfen bei verschiedenen Roheisensorten?

Gillhausen[1]) macht folgende Angaben:

1. Stahleisen.

Einnahmen:	WE	Proz.	Ausgaben:	WE	Proz.
Wind . .	774 114,99	21,63	Gase	257 014,68	7,18
Möller . .	9 729,92	0,27	H_2O-Verdampfung	184 295,32	5,15
C-Verbrennung .	2 795 249,41	78,10	Roheisen	287 000,00	8,02
			Schlacke	215 908,80	6,02
	3 579 094,32	100,00	Staub	3 184,98	0,09
	3 397 193,92	94,96	CO_2-Austreibung .	147 159,21	4,11
	—181 900,40	—5,04	Hydratzerlegung .	4 725,68	0,13
			SiO_2-Reduktion .	187 827,20	5,29
			Fe_2O_3 „	1 635 744,60	45,71
			FeO „	134 057,43	3,75
			MnO „	6 151,94	0,17
			P_2O_5 „	3 690,93	0,11
			H_2O „	109 873,60	3,07
			Kühlwasser . . .	220 559,55	6,16
				3 397 193,92	94,96

[1]) Metallurgie 1910, S. 421, 458, 467, 524.

2. Hämatit.

Einnahmen:			Ausgaben:		
	WE	Proz.		WE	Proz.
Wind . .	609 078,59	18,49	Gase	215 122,56	6,53
Möller . .	6 285,63	0,19	H_2O-Verdampfung	242 645,05	7,37
C-Verbrennung .	2 678 910,50	81,32	Roheisen	287 000,00	8,71
			Schlacke	345 960,00	10,51
	3 294 274,72	100,00	Staub	973,65	0,03
			CO_2-Austreibung .	222 480,45	6,75
			Hydratzerlegung .	7 609,88	0,23
			SiO_2-Reduktion .	123 648,00	3,75
			Fe_2O_3 ,, .	1 733 583,60	52,62
			FeO ,, .	3 875,04	0,12
			MnO ,, .	44 608,60	1,35
			P_2O_5 ,, .	5 316,47	0,16
			H_2O ,, .	53 786,96	1,63
			Kühlwasser . . .	212 238,21	6,44
				3 498 848,47	106,20
				3 294 274,72	100,00
				+ 204 573,75	+ 6,20

3. Thomaseisen.

Einnahmen:			Ausgaben:		
	WE	Proz.		WE	Proz.
Wind . .	759 815,15	21,66	Gase	301 621,77	8,60
Möller . .	4 465,17	0,13	H_2O-Verdampfung	240 758,28	6,86
C-Verbrennung .	2 742 569,97	78,21	Roheisen	258 000,00	7,36
	3 506 850,29	100,00	Schlacke	369 858,46	10,55
	3 486 476,86	99,42	Staub	2 124,42	0,06
	— 20 373,43	— 0,58	CO_2-Austreibung .	296 532,54	8,46
			Hydratzerlegung .	3 538,56	0,10
			SiO_2-Reduktion .	45 374,40	1,29
			Fe_2O_3 ,, .	1 161 997,20	33,14
			FeO ,, .	398 497,32	11,36
			MnO ,, .	29 774,80	0,85
			P_2O_5 ,, .	103 242,28	2,94
			CuO ,, .	335,36	0,01
			ZnO ,, .	1 023,35	0,03
			H_2O ,, .	82 021,92	2,34
			Kühlwasser . . .	191 776,20	5,47
				3 486 476,86	99,42

Auf 1000 kg Roheisen kommen	1. Stahleisen	2. Hämatiteisen	3. Thomaseisen
Koks	1144,81 kg	927,60 kg	1262,51 kg
Kohlenstoff	859,15	739,11	958,50
Erz.	1924,09	2108,00	2330,89
Kalkstein	335,33	481,26	329,47
Schlacke	435,30	697,50	750,22
Staub.	93,21	29,83	60,37
Gas	4021,25 cbm	3477,19 cbm	4587,83 cbm
Wind (errechnet).	2968,67 „	2534,43 „	3274,52 „
Wasser im Wind	34,40 kg	16,84 kg	25,68 kg
Ofeninhalt in 24 Stunden .	2,16 cbm	2,13 cbm	1,71 cbm
Ferner betrug:			
Windmenge in der Minute	405,99 cbm	351,78 cbm	800,42 cbm
Windmenge: Ofeninhalt .	0,95 „	0,82 „	1,32 „
Eisengehalt des Möllers . .	46,28 Proz.	38,15 Proz.	35,77 Proz.
cbm Gas auf 1 kg Koks . .	3,8 cbm	3,7 cbm	3,6 cbm
cbm Gas auf 1 kg Kohlenstoff	4,7 „	4,7 „	4,8 „
Heizwert des Gases. . . .	1044,19 WE	941,89 WE	1118,43 WE
Für 1 kg Eisen betrug:			
Wärmeeffekt der Gase . .	4198,69 WE	3274,95 WE	5130,24 WE
Wärmeeffekt des Kohlen- stoffs.	6575,58	5614,95	7402,09 Proz.
Nutzeffekt ohne Gase. . .	48,31 Proz.	58,53 Proz.	44,51 „
Nutzeffekt mit Gasen . .	85,48 „	87,90 „	92,00 „

184. Selbstkosten für 1000 kg Roheisen aus Bilbaoerz erblasen:

1. Erzkosten 2,02 t Erz à 16,50 Mk.		33,33 Mk.
2a. Kalkkosten für das Erz 0,35 t à 3,5 Mk. . .		1,23 „
2b. Kalkkosten für den Koks 190 kg für 1 t Koks = 0,21 t à 3,50 Mk.		0,73 „
3. Kokskosten 1,11 t à 20 Mk.		22,20 „
4. Gedinglöhne.		2,00 „
5. Maschinenkosten } 3 Mk. für 1 t Koks . .		3,33 „
6. Allgemeinkosten }		

zusammen: 62,82 Mk.

Bei dem kalkreichen Roteisenstein würden die Ausgaben unter 2a wegfallen und am Schlusse die Selbstkosten zu kürzen sein um 1,32 t Kalkstein à 3,50 Mk. = 4,62 Mk. Der durch den Kalküberschuß gesparte Koks ist bereits bei dem für 1000 kg Roheisen berechneten Kokssatze zum Ausdruck gelangt.

185. Berechnung der Gichtgase. Die Gase aus Kokshochöfen enthalten im Mittel (trocken):

Kohlensäure	10 Proz.
Kohlenoxyd	28 „
Wasserstoff	3 „
Stickstoff	59 „

1 cbm derselben hat (reduziert auf 0°) einen Brennwert von 950 WE (bz. auf Wasserdampf als Verbrennungsprodukt) oder bei 10 Proz. Feuchtigkeit 855 WE.
Nach

$$CO + O = CO_2 \quad \text{und} \quad H_2 + O = H_2O$$

erfordern je 2 Volumen Kohlenoxyd und Wasserstoff 1 Volumen Sauerstoff (vgl. Seite 71), die in 1 cbm Hochofengas enthaltenen 0,31 cbm dieser brennbaren Gase somit 0,155 cbm Sauerstoff oder 0,74 cbm atmosphärische Luft.

Für zwei andere Gase, welche etwa den Grenzwerten entsprechen, ergibt sich:

	I.	II.
Kohlensäure	15 Proz.	6 Proz.
Kohlenoxyd	20 „	34 „
Wasserstoff	1 „	4 „
Stickstoff	64 „	56 „
Brennwert	640 WE	1044 WE
1 cbm erfordert atmosphärische Luft .	0,50 cbm	0,91 cbm.

Die Menge des für je 100 kg Roheisen erhaltenen Gases läßt sich in folgender Weise berechnen: Werden für je 100 kg Roheisen 100 kg Koks mit 88 Proz. Kohlenstoff gebraucht und enthält das Erz (einschließlich Kalkstein u. dgl.) 6 Proz. Kohlenstoff (als Carbonat), so sind 94 kg

Kohlenstoff eingeführt. Enthält nun das Roheisen 4 Proz. Kohlenstoff, so bleiben für die Gasentwicklung 90 kg Kohlenstoff. Da sowohl Kohlensäure als Kohlenoxyd in 1 cbm 0,5395 kg (oder rund 0,54 kg) Kohlenstoff enthalten, so enthält 1 cbm des Gases mittlerer Zusammensetzung (mit 10 Proz. CO_2 und 28 Proz. CO) 0,205 kg Kohlenstoff. Die 90 kg Kohlenstoff geben also 439 cbm Hochofengase der angegebenen Zusammensetzung, somit für 1 kg verwendeten Koks 4,39 cbm trockenes Gas mit einem Brennwert von zusammen 4170 WE.

186. Vergleich von Hochofen und elektrischem Ofen. Nach einer Berechnung von Härden (Stahleisen 1909) braucht man zur Erzeugung von 1 t Eisen aus Eisenoxydul 214,3 kg, aus Eisenoxyduloxyd (Magneteisen) 285,7 kg, aus Eisenoxyd (Hämatit) 321,4 kg Kohlenstoff, wenn derselbe nur zu Kohlenoxyd verbrennt. Diese Reaktionen erfordern aber eine bestimmte Temperatur, die durch Verbrennung von Kohle oder durch elektrische Energie aufgebracht werden muß. Zur Durchführung der Reduktion des Eisenerzes sind (für 1 t Eisen) nötig: für FeO 832 000 WE, für Fe_3O_4 943 000 WE, für Fe_2O_3 1 058 000 WE. Rechnet man ein Beispiel für Hämatit und Holzkohle (zu 7500 WE und 80 Proz. C) durch und nimmt man an, daß $\frac{1}{3}$ des Kohlenstoffs zu Kohlensäure verbrennt, so braucht man zur Reduktion von 1 t Eisen aus Hämatiterzen 241,1 kg Kohlenstoff oder 301,0 kg Holzkohle.

Weiter sind nötig:

für die Reaktionen . . . . 732 000 WE
für die Schmelzung des Eisens . . . . 310 000 „
für die Schmelzung der Schlacke . . . . .   72 000 „
____
1 114 000 WE.

Verbrennt 1 kg Holzkohle zu $CO_2 + 2\,CO$, so ist der Heizwert 3250 WE, dazu kommt an Luft, die durch Abgase auf 800° vorgewärmt ist, $\dfrac{64}{36} \cdot \dfrac{100}{23} \cdot 800 \cdot 0{,}24 = 1486$ WE, so daß der wirkliche Heizwert 4696 WE ausmacht; für Heizzwecke wären also $\dfrac{1\,114\,000}{4696} = 237$ kg Holzkohle nötig. Die Reduktion allein würde daher (bei einer Verbrennung nur zu CO) 321,4 kg Kohlenstoff oder 404 kg Holzkohle, der sonstige Wärmeverbrauch 237 kg Holzkohle, zusammen also 641 kg Holzkohle erfordern; unter den oben angegebenen Bedingungen sind aber nur 301 + 237 kg = 538 kg Holzkohle erforderlich. Auf den Härräng-Werken in Schweden wurden mit Hämatitbriketts und Holzkohle durchschnittlich 570 kg auf die Tonne Roheisen verbraucht. Bei einem Holzkohlenpreise von 48 Mk. für 1 t beträgt der Brennstoffaufwand 27,36 Mk., dabei entfallen auf die Reduktion 19,36 Mk., auf die Erhitzung 8 Mk.

Im elektrischen Ofen wären anzusetzen: 404 kg Holzkohle für die Reduktion = 19,36 Mk. Nimmt man an, daß 50 Proz. des Eisens durch Kohlenoxyd reduziert werden können, so sind für die Reduktion aufzubringen 529 000 WE, für Erhitzung des Eisens und der Schlacke 382 000 WE, zusammen also 911 000 WE. Diese Zahl erhöht sich bei Annahme eines thermischen Wirkungswertes des elektrischen Ofens von 60 Proz. auf 1 518 000 WE, was 1768 KW-St. entspricht. Bei einem Versuche Héroults in Kanada mit Hämatit wurden nur 1705 KW-St. verbraucht. Setzt man die Kraftkosten mit 80 Mk. das KW-Jahr an, die KW-St. also mit 0,904 Pf., so kostet die elektrische Energie für 1 t Eisen 15,60 Mk. Hierzu kommt noch Elektrodenkohle, wovon Härden 20 kg zu 20 Pf. = 4 Mk. einsetzt. Im Hochofen würden demnach die Kosten für Reduktion und Erhitzung 27,36 Mk. betragen; im elektrischen Ofen für Reduktion 19,36 Mk., für Kraft 15,60 Mk., für Elektrodenkohle 4 Mk., insgesamt also 38,96 Mk. Als weiterer Vorteil des Hochofens kommt noch hinzu die große Menge ausnutzbarer Gichtgase. Nimmt man an, daß 1 t Holzkohle im Hochofen im Mittel 4 300 000 WE liefert und hiervon 57 Proz. verfügbar werden (= 2 450 000 WE), so würden das bei einem Aufwand von 570 kg Holzkohle 1 396 500 WE sein; rechnet man weiter in der Gasmaschine eine Ausnutzung von 29 Proz., so ergibt das 404 900 nutzbare WE, wovon noch rund 120 000 WE für Arbeiten am Ofen abgehen, so daß noch 280 000 WE wirklich verfügbar bleiben, was einem Geldwerte von 2,95 Mk. entspricht. Es stehen sich also gegenüber die Hochofenkosten mit 27,36 — 2,95 Mk. = 24,41 Mk. und die Kosten im elektrischen Ofen mit 38,96 Mk. für 1 t Eisen; folglich arbeitet der Hochofen unter den angegebenen Verhältnissen um 14,55 Mk. billiger.

187. Wie stellt sich die Stoff- und Wärmebilanz für den Elektro-Roheisenofen? Neumann[1]) macht folgende Angaben.

Stromverbrauch für 1 t Roheisen 2500—3300 KW-St. Stoffmengen für 1 t Roheisen im Vergleich mit dem Kokshochofen:

	Elektr. Ofen kg	Hochofen kg
Erz (Roteisenstein mit 70 Proz. Fe_2O_3)	1920	1920
Kalk.	395	500
Koks	335	1113
Wind	—	4997
Elektroden	20	—
	2670	8530

Bei der Schmelzung entstehen außer je 1000 kg Roheisen

	kg	kg
Schlacke	606	745
Gichtgas	1063 (= 866 cbm)	6785 (= 5308 cbm).

---

[1]) Stahl u. Eisen 1915, S. 1152.

Die Gase enthalten:

	Proz.	Proz.
CO	45,0	21,1
CO_2	21,0	15,5
H_2	4,5	4,0
CH_4	0,5	0,3
Heizwert für 1 cbm.	1539 WE	776 WE

Wärmebilanz des elektr. Ofens (Trollhättan-Ofen):

Einnahme

	WE	Proz.
Von der Beschickung mitgebracht . .	3 049	0,12
Von den Zirkulationsgasen mitgebracht	4 761	0,19
Bildungswärme der Schlacke usw. . .	34 619	1,38
Verbrennung von C	962 837	38,39
Durch den Strom zugeführt.	1 502 576	59,91
	2 507 842	99,99

Ausgabe

	WE	Proz.
Für Reduktionen	1 560 915	62,24
Für CO_2-Austreibung	34 898	1,39
Für H_2O-Austreibung	25 126	1,00
Wärmeabfuhr durch Roheisen . . .	260 000	10,36
„ „ Schlacke . . .	61 122	2,44
„ „ Staub	167	0,01
„ „ Gase	17 916	0,71
„ „ Kühlung . . .	194 337	7,75
„ in den Kontakten . . .	143 001	5,70
Strahlungsverluste (Differenz) . . .	210 360	8,38
	2 507 842	99,98

Wirkungsgrad ohne Gas 52,88 Proz., mit Gas 82,80 Proz.

188. Raffinierung des Eisens im elektrischen Ofen. Angenommen, daß ein Roheisen mit 3,60 Proz. Kohlenstoff, 1,68 Proz. Silicium, 1,10 Proz. Mangan und 0,62 Proz. Phosphor zur Verfügung sei, und daß das fertige Produkt einen Kohlenstoffgehalt von 0,96 Proz. und Silicium

0,28 Proz. aufweise. Die spez. Wärme des Eisens beträgt von 0 bis 700° 0,15, von 700 bis 1000° 0,22, von 1000 bis 1200° 0,20, bei 1400° 0,40, von 1400 bis 1750° 0,40 bis 0,58. Man rechnet von 0 bis 1300° im Mittel 0,20, von 1300° aufwärts im Mittel 0,48. Die spez. Wärme von Eisenoxyd und Kalk betrage im Mittel von 0 bis 1600° 0,19 bzw. 0,23. Die Wärmemenge, um 1 kg Schmiedeisen oder Stahl zu schmelzen, beträgt 400 WE.

Für 1 t Stahl sind an Material nötig für den

	Erzprozeß	
	theoretisch	praktisch
Roheisen	919 kg	924 kg
Eisenoxyd	218 „	320 „ (Erz mit 75 Proz.)
Kalk	56 „	56 „
Schrott	—	—

	Schrottprozeß (gemischt)	
	theoretisch	praktisch
Roheisen	667 kg	670 kg
Eisenoxyd	145,7 „	210 „
Kalk	40,9 „	45 „
Schrott	267,7 „	285 „

Für das Verfahren sind (nach Neumann) aufzubringen:

Gemischter Prozeß	Kalter Einsatz
Erhitzen des Roheisens auf 1300° 670 · 0,2 · 1300	174 200 WE
Erhitzen des Roheisens von 1300 auf 1600° 670 · 0,48 · 300	96 480 „
Erhitzen des Schrotts 285 (0,2 · 1300 + 0,48 · 300)	115 140 „
Schmelzen des Schrotts 285 · 30	8 550 „
Erhitzen der Reagenzien (Fe_2O_3 · CaO) (210 · 0,19 + 45 · 0,23) 1600	80 400 „
Schmelzen der Schlacke 200 · 50	10 000 „
Reduktion von 45 kg Eisen 45 · 1796 . . .	80 820 „
Schmelzen von 45 + 670 kg Eisen 715 · 30	21 450 „
	587 040 WE

<table>
<tr><td>Gemischter Prozeß</td><td>Kalter Einsatz</td></tr>
</table>

Übertrag: 587 040 WE

Durch Verbrennung von 8 kg Silicium und
17,7 kg Kohlenstoff . . . . 106 412 „

Aufzuwenden sind. . . . . 480 628 WE.

Wird dagegen das Roheisen flüssig eingesetzt,
so erhalten wir, da das Erhitzen auf 1300°
und das Schmelzen entfällt . . . . . . 286 328 „

189. Wärmeverhältnisse beim Bessemerprozeß. Es
sind besonders folgende Verbrennungswärmen zu berücksichtigen:

kg-Atom bzw. -Molekul in hWE		auf 1 Atom Sauerstoff hWE	ab Sauerstoffwärme	ab Luftwärme hWE
$Fe + O$	$= FeO + 750$	750	702	520
$3\,Fe + 4\,O$	$= Fe_3O_4 + 2647$	662	614	432
$Mn + O$	$= MnO + 950$	950	902	720
$Si + 2\,O$	$= SiO_2 + 2208$	1104	1056	874
$S + 2\,O$	$= SO_2 + 690$	345	297	115
$2\,P + 5\,O$	$= P_2O_5 + 3700$	740	692	510
$C + O$	$= CO + 294$	294	256	64
$C + 2\,O$	$= CO_2 + 976$	488	440	258
$3\,CaO + P_2O_5$	$= Ca_3(PO_4)_2 + 1430$	—	—	—
$FeO + SiO_2$	$= FeSiO_3 + 350$	—	—	—
$Fe + Si + 3\,O$	$= FeSiO_3 + 3360$	1137	1089	907

Beim Verbrennen von je 1 kg Eisen zu FeO werden
daher entwickelt

	1353	WE
1 kg Mangan	1740	„
Silicium	7830	„
Phosphor	5900	„
Schwefel	2170	„

Es soll angenommen werden, daß Eisen und Schlacke im
Durchschnitt 1400° warm sind und die zugeführte Luft

und die entweichenden Gase dieselbe Temperatur haben. — Um 1 kg Atom Sauerstoff = 11,2 cbm auf 1400° zu erwärmen, sind 48 hWE erforderlich. Der Sauerstoff ist mit 41,8 cbm Stickstoff gemischt, dessen Erwärmung 180 hWE erfordert; somit sind für rund 53 cbm Luft 230 hWE nötig. — Die zweite Spalte der Tabelle zeigt, wieviel Wärme die Stoffe bei der Verbindung mit 1 Atom (16 kg = 11,2 cbm) Sauerstoff geben, die dritte Spalte dieselbe Wärme nach Abzug der 48 hWE für die Erwärmung des Sauerstoffes, die letzte die Wärmemenge, welche beim Blasen mit atmosphärischer Luft nutzbar bleibt. Danach liefert Silicium bzw. die Bildung von Silicat die meiste Wärme, dann folgt Mangan, dessen Wirkung aber durch teilweise Verflüchtigung beeinträchtigt wird. Beim Phosphor wird die Verbindungswärme von Kalk mit Phosphorsäure wohl durch die Erhitzung des Kalkes und das Schmelzen des Phosphates aufgewogen, so daß kaum mehr als 510 hWE zu rechnen sind. Die Verbrennung des Kohlenstoffes zu Kohlenoxyd ist für die Erwärmung des Eisens unwesentlich, meist auch die Bildung von Kohlensäure, da wegen der mit der Temperatur stark steigenden spez. Wärme viel mehr Wärme entführt wird als durch die gleichen Mengen anderer Gase, so daß von den 258 hWE kaum 200 hWE nutzbar bleiben (Jahresber. 1902, 146).

Wird beim Bessemerprozeß atmosphärische Luft durch das flüssige Roheisen geblasen, so verbrennen alle Stoffe, welche mit Sauerstoff in Berührung kommen, so daß zunächst nur von unmittelbarer Verbrennung die Rede sein kann. Die so gebildeten Oxyde treten aber sofort mit den übrigen Bestandteilen des Metallbades in Wechselwirkung. Allgemein verbreitet ist die Reaktion:

$$C + CO_2 = 2\,CO - 388\ hWE,$$

so daß sich also 12 kg Kohlenstoff mit 44 kg Kohlensäure unter Bindung von 388 hWE vereinigen; diese Wirkung des Kohlenstoffes bedingt demnach eine wesentliche Ab-

kühlung des Metallbades. Nach Troost und Haute-
feuille gibt Roheisen, mit Kieselsäure oder Silicaten ge-
schmolzen, Kohlenoxyd und Silicium, welches vom Eisen
aufgenommen wird.

$$C_2 + SiO_2 = 2\,CO + Si - 1620\,hWE.$$

Diese Reaktion erfordert aber einen Wärmeverbrauch
von 1620 hWE, wird also wohl nur bei sehr hoher Temperatur stattfinden können. Dagegen erfolgen die Reaktionen:

$$Si + CO_2 = SiO_2 + C + 1232\,hWE$$

und

$$Si + 2\,CO = SiO_2 + 2\,C + 1620\,hWE$$

unter sehr großer Wärmeentwicklung und danach besonders lebhaft. Ähnlich verhält sich Mangan:

$$Mn + CO_2 = MnO + CO + 268\,hWE$$

und

$$2\,Mn + CO_2 = 2\,MnO + C + 924\,hWE,$$

dazu:

$$MnO + SiO_2 = MnSiO_3 + etwa\ 350\,hWE,$$

so daß also die Verbrennung des Mangans in Kohlensäure
und die Verschlackung unter erheblicher Wärmeentwicklung stattfindet. — Auch die Reaktion:

$$Mn + CO = MnO + C + 656\,hWE$$

wird leicht vorkommen. — Silicium und Mangan schützen
also nicht etwa den Kohlenstoff vor Verbrennung, sondern
sie reduzieren die Verbrennungsprodukte des Kohlenstoffes
und veranlassen so die Zurückführung desselben in das
Eisen. — Viel schwächer ist die Wirkung des Eisens.
Nach Ackermann (Jahresber. 1883, 53) beginnt die Reduktion von Eisenoxyd durch Kohlenoxyd schon bei 300°.
Nach Finkener (Jahresber. 1883, 139) gibt Eisen in
Kohlensäure bei dunkler Rotglut Kohlenoxyd:

$$3\,Fe + 4\,CO_2 = Fe_3O_4 + 4\,CO - 81\,hWE.$$

Andererseits gibt Eisenoxyd in Kohlenoxyd bei dunkler Rotglut Kohlensäure:

$$Fe_3O_4 + 4\,CO = 3\,Fe + 4\,CO_2 + 81\,hWE$$

und bei sehr hoher Temperatur

$$Fe_3O_4 + 8\,CO = 3\,Fe + 2\,C + 6\,CO_2 - 1071\,hWE,$$

also starke Wärmebindung, so daß die letzte Reaktion nur in beschränktem Umfange stattfinden wird. Schwach ist ferner die Umsetzung:

$$2\,Fe + 3\,SiO_2 = 2\,FeSiO_3 + Si + 104\,hWE.$$

Phosphor wird nach Bell (Dingl. 225, 264; 229, 184) bei niederer Temperatur in die Schlacke übergeführt, bei hoher umgekehrt aus der Schlacke in das Eisen. Wir haben also beim Bessemerprozeß neben der direkten Verbrennung eine Reihe umkehrbarer Reaktionen, welche einem Gleichgewichtszustande zustreben, der von der Wärmetönung der Temperatur und den Mengenverhältnissen abhängig ist.

190. Wärmeverhältnisse beim Kupolofen. Bei neueren Kupolöfen nimmt der Kohlenoxydgehalt der Gase mehr und mehr ab, manche arbeiten sogar mit Luftüberschuß. Der Koksverbrauch ist dabei auf 7 bis 10 kg für 100 kg zurückgegangen, der Abbrand aber gestiegen. Schoemann[1]) berechnet auf Grund des bei 1150° liegenden Schmelzpunktes des grauen Gußeisens und der Notwendigkeit, das Eisen für schwere Gußteile um 80° zu überhitzen, für mittlere um 100° und für besonders dünnwandige Güsse um 150°, die zur Erzeugung der betreffenden Gußtemperaturen erforderlichen Wärmeeinheiten für 1 kg Gußeisen wie folgt:

$$(1230° \cdot 0,20) + 25 = 271 \text{ WE}$$
$$(1250° \cdot 0,20) + 25 = 275 \text{ ,,}$$
$$(1300° \cdot 0,20) + 25 = 285 \text{ ,,}$$

[1]) Gießereizeitung 1907, S. 33.

wenn 0,20 die spez. Wärme für graues Gußeisen und seine Schmelzwärme zu 25 WE angenommen wird. Ferner 112 WE für Schlackenschmelzen auf 1 kg Roheisen, einen Mindestverbrauch von 7 kg Koks für 100 kg Einsatz und 8,5 cbm Wind für 1 kg Koks mit 85 Proz. Kohlenstoff.

Die Wärmebilanz eines Kupolofens stellt sich etwa für 100 kg aufgegichtetes Roheisen wie folgt: 8 Proz. Koks mit 10 Proz. Asche, 5 Proz. Wasser, 40 Proz. Kalkzuschlag vom Koks vorausgesetzt.

Wärmeeinnahme.

0,35 kg Si	verbrennen zu	SiO_2	à 7830 WE	=	2 740 WE
0,30 kg Mn	„	„ MnO	à 2000 „	=	600 „
0,30 kg Fe	„	„ FeO	à 1796 „	=	530 „
4,8 kg C	„	„ CO_2	à 8080 „	=	38 784 „
2,0 kg C	„	„ CO	à 2473 „	=	4 946 „

47 600 WE.

Dieser Wärmeeinnahme steht folgende Wärmeausgabe gegenüber:

Um 100 kg Gießereieisen zu schmelzen und zu
überhitzen à 300 WE sind erforderlich . . 30 000 WE
Ebenso, um 4,4 kg Schlacke zu schmelzen
à 310 WE = ... 1 364 „
1,8 kg Kohlensäure aus dem Kalk zu vertreiben
à 943 WE = ... 1 697 „
0,5 kg Wasser aus dem Koks zu verdampfen
à 636 WE = ... 318 „
Etwa 100 kg Gase verlassen den Kupolofen mit
300° Gichttemperatur = 100 · 0,25 · 300 = . 7 500 „
Verlust durch Ausstrahlung aus Differenz . . . 6 721 „

47 600 WE.

Da der Ausstrahlungsverlust = 6721 WE, d. i. 16 Proz. der für andere Zwecke verausgabten Wärmemengen, als außerordentlich günstig erscheinen muß, wenn man die beim Hochofenbetriebe gemachten Erfahrungen heranzieht, so kann man etwa 8 Proz. wohl als den günstigsten Koksverbrauch im Kupolofen ansehen.

191. Die Wärmebilanz des Gießereiflammofens stellt Gnade[1]) an zwei Chargen aus dem normalen Betrieb wie folgt auf:

Einnahmen:

Durch die Kohle	47 488 101 WE =	93,85 %
„ „ Verbrennungsluft	4 522 811 „ =	1,27 „
„ „ Beschickung . .	34 180 „ =	0,06 „
„ den Abbrand . . .	2 436 440 „ =	4,82 „
	50 601 318 WE =	100,00 %

Ausgaben:

Durch die Abgase . . .	30 895 444 WE =	61,06 %
„ das Eisen . . .	4 522 811 „ =	8,94 „
„ die Schlacke . . .	466 092 „ =	0,92 „
„ den Kohlenrückstand	3 862 160 „ =	7,63 „
„ Strahlung u. Leitung	10 854 811 „ =	21,45 „
	50 601 318 WE =	100,00 %

Im Mittel betrug der

Nettonutzeffekt . .	9,61 %
Bruttonutzeffekt . .	31,15 „
Verlust	68,86 „

Der wirkliche Überschuß an Verbrennungsluft belief sich auf 13,25 %; er ist also wesentlich geringer, als er bisher in der Literatur[2]) angenommen wurde.

---

[1]) Stahl und Eisen 1919, S. 590 u. 710.
[2]) Stahl und Eisen 1910, S. 1541, 2079; 1911, S. 137; 1913, S. 673.

Zahlentafel 1.

Gase, Schlacke, Verbrennungswärme für 100 kg eingesetztes Roheisen.

Es werden eingesetzt	Sauerstoffmengen		Gase	Schlackenkörper	Verbrennungs-wärme
3,0 kg C	4,0 kg		7,0 kg CO	—	7 410 WE
0,5 „ C	1,33 „	Zu-sammen	1,83 „ CO_2	—	4040 „
0,5 „ Si	0,57 „	10,27 kg,	—	1,07 kg SiO_2	3 915 „
1,5 „ Mn	0,44 „	ent-	—	1,94 „ MnO	2 595 „
2,0 „ P	2,60 „	sprechend	—	4,60 „ P_2O_5	11 800 „
3,5 „ Fe	1,33 „	34,4 kg N_2	—	4,83 „ Fe_3O_4	5 775 „
12,5 „ Kalk	—		—	12,5 „ CaO	—
2,5 „ Dolomitfutter	—		—	2,5 „ CaO + MgO	—
Zusammen	—		—	27,44 kg Schlacke	35 535 WE
(Im Konverter verbleiben 89 kg Fe.)					

(11 kg Si–Fe Gruppe für die ersten sechs Zeilen der Sauerstoffmengen.)

192. Eine Wärmerechnung des Converters gibt Osann[1]). Er berechnet die Temperaturerhöhung beim Verblasen eines Roheisens mit 3,5 % C, 1,5 % Mn, 2,0 % P, 0,5 % Si wie folgt: 3,5 kg Fe für 100 kg eingesetztes Roheisen verbrennen zu Fe_3O_4. Von den 3,5 kg C verbrennen 3,0 kg zu CO, 0,5 kg zu CO_2. Der Kalkzuschlag beträgt 12,5 %: die Menge des abgeschmolzenen basischen Futters 2,5 kg für 100 kg Einsatz. Die Wärmeverluste an die Umgebung sollen mit 10 % eingeschätzt werden.

Wärmeeinnahme für 100 kg eingesetztes Roheisen.

Zu der Verbrennungswärme von . . . . . 35 535 WE
kommt die chemische Verbindungswärme der Schlacke mit 100 WE für
1 kg Base (MnO, CaO, MgO) . . . . . $+$ 1 690 „
In Abzug kommt die latente Schmelzwärme der Schlacke mit 100 WE für 1 kg $-$ 2 740 „

Zusammen 34 485 WE.

Davon ab $10\,^0/_0$ im Hinblick auf die Wärmeverluste an die Umgebung . . . 3 448 „

Bleiben E = 31 037 WE.

Diese Wärmemenge E wird in ihrer Gesamtheit aufgebraucht, um

a) Wind und Kalk auf die Roheisentemperatur (1250°) zu erhitzen. Wärmemenge A

b) die erzeugten Gase von 1250° auf 1350°, d. i. die Gasausflußtemperatur, zu erhitzen . . . . Wärmemenge B

---

[1]) Stahl und Eisen 1919, S. 961.

c) die mit dem Wind eingeführte
Wasserdampfmenge $= 0{,}4$ kg zu
zerlegen . . . . Wärmemenge C[1])

d) die Schlackenkörper und das Eisen
selbst um die zu berechnende Temperatur $= T$ höher zu erhitzen.
Diese Wärmemenge ist $= a \cdot T$.

Es besteht die Gleichung:

$$E = A + B + C + a \cdot T; \quad T = \frac{E - (A + B + C)}{a}.$$

$$A = (\overset{\mathrm{O_2}}{10{,}27} \cdot 0{,}24 + \overset{\mathrm{N_2}}{34{,}4} \cdot 0{,}27 + \overset{\mathrm{CaO}}{12{,}5} \cdot 0{,}23$$
$$+ \overset{\mathrm{H_2O}}{0{,}4} \cdot 0{,}52) \cdot 1250 \text{ WE} \dots \dots \dots \quad 18\,549 \text{ WE.}$$

$$B = (\overset{\mathrm{CO}}{7{,}0} \cdot 0{,}30 + \overset{\mathrm{N_2}}{34{,}4} \cdot 0{,}30 + \overset{\mathrm{CO_2}}{1{,}83} \cdot 0{,}46)$$
$$\cdot 100^2) \dots \dots \dots \dots \dots \dots \quad 1\,326 \quad ,,$$

$$C = 0{,}4 \cdot 3220 \dots \dots \dots \dots \dots \dots \quad 1\,290 \quad ,,$$

Zusammen 21 165 WE.

$$a = \overset{\mathrm{SiO_2}}{1{,}07} \cdot 0{,}29 + \overset{\mathrm{MnO}}{1{,}94} \cdot 0{,}26 + \overset{\mathrm{P_2O_5}}{4{,}6} \cdot 0{,}32$$
$$+ \underset{\mathrm{Fe_3O_4}}{4{,}83} \cdot 0{,}25 + \overset{\mathrm{(CaO+MgO)}}{15{,}0} \cdot 0{,}29 \cdot \overset{\mathrm{Fe}}{89} \cdot 0{,}17 \Bigg\} = 22{,}96 \text{ WE}$$

$$E = \text{(siehe oben)} \dots \dots \dots \dots \dots \quad 31\,037 \quad ,,$$

Setzt man die Werte ein, so erhält man

$$T = \text{Temperaturerhöhung} = \frac{31\,037 - 21\,165}{22{,}96} = 430^\circ.$$

$$T_1 = \text{Flußeisentemperatur} = 1250 + 430 = 1680^\circ.$$

---

[1]) Die bei der Wasserdampfzerlegung entwickelte Verbrennungswärme $(4\,H_2O + 3\,Fe = 8\,H + Fe_3O_4)$ ist bereits in dem obengenannten Fe, das zu Fe_3O_4 verbrennt, berücksichtigt.

[2]) Eigentlich müßte hier auch der aus dem zerlegten Wasserdampf gebildete Wasserstoff berücksichtigt werden. Die Menge ist aber zu gering.

Osann berechnet[1]) dann den Einfluß, den die einzelnen Betriebsmaßnahmen, u. a. auch die Windtrocknung, auf den Stahlwerksbetrieb haben.

Würde im Sinne von Gayley[2]) der durchschnittliche Wasserdampfgehalt im cbm Wind von 12 g auf 3 g erniedrigt, so würden für 100 kg Roheisen nur noch 0,1 kg Wasserdampf statt 0,4 kg zu zerlegen sein. Dadurch würden 0,26 kg Sauerstoff ausgeschaltet; sie müssen durch ebensoviel Gebläsesauerstoff, dem 0,87 kg Stickstoff entsprechen, ersetzt werden.

Es wird an Zerlegungswärme gespart $0,3 \cdot 3220 = 966$ WE.

$$A \text{ wächst um } (0,26 \cdot \overset{O_2}{0,24} + 0,87 \cdot \overset{N_2}{0,27}$$

$$- 0,3 \cdot \overset{H_2O}{0,52}) \cdot 1250 \dots\dots\dots\dots 175 \text{ WE}$$

$$B \text{ wächst um } 0,87 \cdot \overset{N_2}{0,30} \cdot 100 \dots\dots\dots 27 \text{ ,,}$$

$$C \text{ wird kleiner um } \dots\dots\dots\dots 966 \text{ WE}$$

a bleibt bestehen; E ebenso.

Demnach $A = 18\,724$ WE, $B = 12\,99$ WE, $C = 324$ WE, $a = 22,96$, $E = 31\,037$ WE.

$$T = \text{Temperaturerhöhung} = \frac{31037 - 20347}{22,96} = 465°$$

$$T_1 = \text{Flußeisentemperatur} = 1250 + 465 = 1715°.$$

Dies bedeutet einen Temperaturzuwachs von 35°.

193. Die Wärmebilanz eines Nathusiusofens für Ferromangan - Schmelzung gibt Bittner[3]).

---

[1]) Vgl. die Originalarbeit.
[2]) Stahl und Eisen 1904, S. **1289**.
[3]) Stahl und Eisen 1917, S. **49**.

Wärmebilanz für die Tonne Ferromangan.

Wärmeeingang	KWst	%	Wärmeausgang	KWst	%
Als elektrische Energie in den Ofen geschickt	833	100	Energie zum Umschmelzen des Ferromangans	354,0	42,5
			Schmelzen des Kalkes und Bildung der Schlacke . . .	7,4	0,9
			Verluste:		
			Transformatorverlust	33,3	4,0
			Elektrische Leitungsverluste .	58,3	7,0
			Verlust der Kühlwassermenge der Elektroden	50,0	6,0
			Leitungs- und Strahlungsverlust, in dem die Warmhaltung des Bades inbegriffen ist	330,0	39,6
	833	100		833	100,0

Wärmebilanz für den Ferromanganofen und 2700 kg Einsatz.

Wärmeeingang			Wärmeausgang		
	WE	%		WE	%
Durch elektrische Energie zu-geführt	1 944 000	100	Energie zum Umschmelzen des Ferromangans	826 000	42,5
			Schmelzen des Kalkes und Bildung der Schlacke. . .	17 300	0,9
			Verluste:		
			Transformatorverlust	77 700	4,0
			Elektrische Leitungsverluste .	136 100	7,0
			Verluste der Kühlwassermenge der Elektrode	116 900	6,0
			Leitungs- und Strahlungsver-lust, in dem die Warmhal-tung des Bades inbegriffen ist	770 000	39,6
	1 944 000	100		1 944 000	100,0

194. Stromverbrauch im Elektro-Stahlofen. Neumann macht folgende Angaben:

pro t Erzeugnis

Stahl unmittelbar aus Erz	3000 KW-St.
Stahl aus kaltem Roheisen	1500 ,,
Stahl aus flüssigem Roheisen	1100 ,,
Stahl aus kaltem Roheisen und kaltem Schrott	700 ,,
Stahl aus flüssigem Roheisen und kaltem Schrott	600 ,,
Stahl aus kaltem Schrott	900 ,,
Nachraffination von flüssigem Flußeisen auf Tiegelstahlqualität.	250 ,,
Desgl. auf gewöhnlichen Schienenstahl .	120 ,,
Warmhalten von Roheisen für Gießereizwecke.	50 ,,

195. Zinkhütten.

Rösten der Zinkblende:

$$ZnS + 3\,O = ZnO + SO_2$$
$$-43\,000 \quad +84\,800 + 69\,260 = +111\,060\ WE.$$

Trotz der Wärmeentwicklung muß man beim Röstprozeß noch Wärme zuführen, hauptsächlich weil die Blenden nicht reines ZnS sind.

Reduktion des Zinkoxydes:

$$ZnO + C = Zn + CO$$
$$-84\,800 \qquad +29\,160 = -55\,640\ WE.$$

Nebenher verlaufen die Reaktionen:

$$ZnO + CO = Zn + CO_2$$

und (besonders bei undichter Muffel):

$$Zn + CO_2 = ZnO + CO.$$

Die gebildete Kohlensäure wird später wieder von der Kohle reduziert.

196. Der Brennstoffverbrauch bei der Gewinnung von Kupfer und Blei aus Erzen ist wesentlich durch die sonstigen Bestandteile der Erze bedingt; der theoretische Wärmebedarf für die Reduktion der Oxyde ist gering; z. B.

$$PbO + C = Pb + CO - 21\,640 \text{ WE}$$
$$2\,PbO + C = Pb_2 + CO_2 - 4400 \text{ WE.}$$

197. Die Bewertung der Kupfererze bespricht ausführlich Rzehulka (Zeitschr. für angew. Chemie 1910) nach englischen Preisen.

Zement, Kalk, Gips.

198. Für die Praxis der Portland-Zement-Herstellung hat sich ergeben, daß das günstigste Verhältnis von

$$\frac{CaO}{SiO_2 + R_2O_3} = \sim 2,0 \text{ (hydraulischer Modul)}$$

$$\frac{SiO_2}{Al_2O_3 + Fe_2O_3} = \sim 2,5 \text{ (Silicatmodul),}$$

wobei zu beachten ist, daß bei uns (im Gegensatz zu England) die Berechnung des Moduls nur durch Division der Prozentzahlen, also ohne Berücksichtigung der Molekulargewichte, üblich ist. Die Modulzahlen sind also rein empirisch und geben keinerlei Aufschluß über die im Klinker enthaltenen chemischen Verbindungen.

199. Berechnung der Zementrohmischung. Nach Michaelis (1900) ergibt z. B. die Analyse der trockenen Materialien: Kreide, Marmor oder Kalk l_1 Proz. Kalk und s_1 Proz. Silicate ($SiO_2 + Al_2O_3 + Fe_2O_3$), und die des trockenen Schiefertones oder Tones l_2 Proz. Kalk und s_2 Proz. Silicate ($SiO_2 + Al_2O_3 + Fe_2O_3$); den hydraulischen Modul soll der Buchstabe x bezeichnen. Dann verlangen s_1 Teile Silicat im Kalkstein $x \cdot s_1$ Teile Kalk, so daß nur $l_1 - (x \cdot s_1)$ Teile Kalk für den Ton frei bleiben.

Andererseits erfordern l_2 Teile Kalk im Ton $\dfrac{l_2}{x}$ Teile Silicate, welche von s_2 Teilen abgezogen werden müssen. Daher bleiben nur $s_2 - \dfrac{l_2}{x}$ Teile Silicate für die Verbindung mit Kalk übrig. $s_2 - \dfrac{l_2}{x}$ zeigen somit die Menge Kalkstein an, welche der Ton erfordert, und $l_1 - (x \cdot s_1)$ die Menge Ton, die für den Kalk nötig ist. Für die erste Formel verlangt der Modul, daß sie mit x multipliziert wird:

$$\frac{\text{Kalkstein}}{\text{Ton}} = \frac{x \left(s_2 - \dfrac{l_2}{x} \right)}{l_1 - x\, s_1} = \frac{x\, s_2 - l_2}{l_1 - x\, s_1} \,.$$

Folgendes Beispiel zeigt für Kalk und Ton als Rohmaterialien die Anwendung der Formel:

Kalk			Ton		
SiO_2	2,5 Proz.		SiO_2	55,7 Proz.	
Al_2O_3	1,4 ,,	5,0 Proz.	Al_2O_3	17,2 ,,	81,2 Proz.
Fe_2O_3	1,1 ,,		Fe_2O_3	8,3 ,,	
MgO	0,2 ,,		CaO	1,4 ,,	
CaO	53,0 ,,		MgO	2,4 ,,	
CO_2	41,8 ,,		SO_3	1,6 ,,	
	100,0 Proz.		Alkalien	3,3 ,,	
			Verlust	10,1 ,,	
				100,0 Proz.	

Wir haben in die umstehende Formel einzusetzen:

$l_1 = 53,0 = $ Kalk im Kalkstein,
$s_1 = 5,0 = $ Silicate im Kalkstein,
$l_2 = 1,4 = $ Kalk im Ton,
$s_2 = 81,2 = $ Silicate im Ton,
$x = 2,0 = $ gegebener hydraulischer Modul,

$$\frac{\text{Kalk}}{\text{Ton}} = \frac{(2 \cdot 81,2) - 1,4}{53 - (2 \cdot 5)} = \frac{161}{43} = \frac{3,8}{1}\,,$$

d. h. 3,8 Teile Kalk und 1 Teil Ton ergeben eine gute Rohmaterialmischung aus den angenommenen Materialien.

Die nachfolgende Rechnung dient dazu, den hydraulischen Modul zu kontrollieren:

	Kalk	Silicate
1 Teil Ton	1,4	81,2
3,8 Teile Kalkstein	201,4	19,0
	202,8	100,2

Hydraulischer Modul 2,02.

Jetzt kann das Resultat der Analyse des Zementes vorhergesagt werden:

	SiO_2	Al_2O_3	Fe_2O_3	CaO	MgO	SO_3	Alkalien
1 Teil Ton	55,7	17,2	8,3	1,4	2,4	1,6	3,3
3,8 Teile Kalkstein	9,5	5,3	4,2	201,4	0,8	—	—
zusammen	65,2	22,5	12,5	202,8	3,2	1,6	3,3

= 311,1 Teile.

Die Zahlen, dividiert durch 3,111, ergeben den Prozentgehalt des schließlich entstehenden Zementes:

SiO_2	21,0 Proz.
Al_2O_3	7,2 ,,
Fe_2O_3	4,0 ,,
CaO	65,2 ,,
MgO	1,0 ,,
SO_3	0,5 ,,
Alkalien	1,0 ,,
	99,9 Proz.

$$\text{Hydraulischer Modul} = \frac{65,2}{32,2} = 2,02.$$

200. Bewertung der Höhe des Kalkgehaltes im Zement. Trachsler gibt für einen Zement folgender Zusammensetzung:

SiO_2 unlöslich =	0,27	
SiO_2 löslich . =	20,15	
Fe_2O_3 . . . =	2,91 }	10,44 Hydraulischer Modul = 2,13
Al_2O_3 . . . . =	7,53 }	Silicatmodul = 2,6
CaO . . . . =	65,42	
MgO . . . . =	1,87	
SO_3 . . . . . =	1,35	
S . . . . . =	0,04	
Alkalien (Rest) =	0,46	
	100,00	

eine Berechnung nach der Schottschen Formel ($2^{1}/_{2}$ CaO $\cdot$ SiO$_2$ + $2^{1}/_2$ CaO $\cdot$ R$_2$O$_3$). (Tonind.-Ztg. 1909.)

201. Wieviel Wärme ist erforderlich zum Brennen von 100 kg reinem Kalkstein?

$$\text{Ca} + \text{C} + 3\,\text{O} = \text{CaCO}_3 + 273\,850 \text{ WE}$$
$$\text{CaO} + \text{CO}_2 \quad = \text{CaCO}_3$$
$$-\,131\,000 - 97\,200 \; + 273\,850 = +\,45\,150 \text{ WE}$$
$$\text{Ca} + \text{O} \qquad = \text{CaO} + 131\,500 \text{ WE}$$

100 kg CaCO$_3$ erfordern somit 450 hWE zur Zersetzung in CaO und CO$_2$. Dabei werden 22,4 cbm Kohlensäure entwickelt.

Beim praktischen Brennen von Kalkstein ist zu beachten, daß dieser nicht rein ist, und daß er auf die praktische Brenntemperatur (etwa 1000°) erwärmt werden muß.

202. Berechnung der Feuergase. Bei Verwendung von Koks kann man bei guter Betriebsaufsicht annehmen, daß 100 Volumen Luft 20 Volumen Kohlensäure liefern. Die Analyse ergab z. B.:

Kohlensäure . . . . 33,5 Proz.
Sauerstoff . . . . 1,5 „
Stickstoff . . . . 65,0 „

Die 65 Proz. Stickstoff entsprechen 17,1 Proz. Sauerstoff; davon lieferten (17,1 — 1,5) = 15,6 ebensoviel Kohlensäure, demnach der Kalkstein 33,5 — 15,6 = 17,9 Proz.

In derselben Weise werden die Gase beim Zement brennen berechnet.

203. Für die Berechnung des Kohlenverbrauchs aus der Gasanalyse beim Brennen von Zement im Drehrohrofen geben Helbig, Kühl und Heiser Ableitungen. (Zement 1912, Ton.-Ztg. 1913.)

204. Wärmeverbrauch des automatischen Schachtofens für Zement. Stehmann[1]) gibt folgende Berechnung:

Voraussetzung.

Rohmehl mit einem Gehalt von 76,5 i. H. $CaCO_3$
Wasserverbrauch zum Verziegeln des Rohmehls 12 a. H.
Anfangswärme 15° C.
Wärme der Abgase 200° C.
Durchschnittswärme des Klinkers am Auslauf 100° C.

Wärmeverbrauch für 100 kg Zementklinker.

1. Wasserverdampfung . . . . 14 427 WE
2. Austreiben der Kohlensäure:
   a) Durchführung der Dissoziation . . 52 790 ,,
   b) Erhitzung des Rohmehls von 15° C
      auf 812° C . . . . 25 608 ,,
3. Abführung der aus dem Rohmehl
   entwickelten Kohlensäure aus dem
   Schornstein mit 200° C . . . . . . 2 148 ,,
4. Erhitzen von 100 kg Zementmasse
   von 812° C auf 1420° C . . . . . . 12 768 ,,
5. Strahlungsverlust eines Ofens von
   5 m Durchmesser bei 8 m hohem
   Schornstein und einem Temperatur-
   Intervall von 600° C . . . . 2 261 ,,
                          110 002 WE
6. Aus den Klinkern wiedergewonnene
   Wärme . . . . 27 720 ,,
                          82 282 WE
7. Den Schornsteinverlust vom Heizwert
   der Kohle angenommen mit 10 v. H.
     ergibt einen Gesamtverbrauch von . 91 425 WE

---

[1]) Tonindustrie-Zeitung 1919 S. 120.

Drehofen.

Für die Berechnung seien Öfen von etwa 60 m Länge und 3 m Durchmesser und folgende Daten zugrunde gelegt:

Verbrauch an trockenem Rohmehl 1,60 kg pro kg Klinker,

Verbrauch an trockenem Kohlenstaub 0,27 kg pro kg Klinker beim Trockenverfahren,

Verbrauch an trockenem Kohlenstaub 0,32 kg pro kg Klinker beim Dickschlammverfahren,

Heizwert der Kohle (trocken) 6000 WE,

Zusammensetzung der Kohle: 65 Proz. C, 4 Proz. H, 1 Proz. N, 7 Proz. O, 1,5 Proz. S, 21,5 Proz. Asche,

Gehalt des Rohmehls an $CaCO_3$ 76 Proz., an $MgCO_3$ 2 Proz.,

Temperatur der Abgase beim Ofenaustritt 550° beim Trockenverfahren,

Temperatur der Abgase beim Ofenaustritt 250° beim Dickschlammverfahren,

Temperatur der Klinker am Kühltrommelauslauf 50°.

Temperatur der Klinker am Brenntrommelauslauf 900°.

Temperatur der mit Feuchtigkeit gesättigten Außenluft $+15°$.

Barometerstand 740 mm,

Luftüberschuß 10 Proz.,

Flugstaubgehalt der Gase beim Austritt aus dem Ofen:

   10 g im cbm beim Trockenverfahren,

   2 g im cbm beim Dickschlammverfahren,

Wassergehalt des Schlammes beim Dickschlammverfahren 35 Proz.

205. Welche Luftmenge in cbm ist zur Verbrennung von 1 kg Kohle erforderlich?

Nach den bekannten Verbrennungsgleichungen braucht man

$$\text{für } 65 \text{ Proz. C}: \quad 0{,}65 \cdot \frac{32}{12} = 1{,}733 \text{ kg O}$$

$$\text{für } 4 \text{ Proz. H}: \quad 0{,}04 \cdot \frac{32}{4} = 0{,}320 \text{ kg. O}$$

$$\text{für } 1{,}5 \text{ Proz. S}: 0{,}015 \cdot \frac{32}{32} = 0{,}015 \text{ kg O}$$

Summa $\quad = 2{,}068$ kg O

abzüglich 7 Proz. O in der Kohle $= 0{,}070$ kg O

Zuzuführen . . . . $\quad 1{,}998$ kg O

$$1{,}998 \text{ kg O} = \frac{1{,}998}{0{,}21} = 9{,}514 \text{ kg Luft} = \frac{9{,}514}{1{,}293} \text{ cbm} = 7{,}36 \text{ cbm}$$

Luft. Bei 10 Proz. Luftüberschuß sind erforderlich 8,10 cbm Luft (0° u. 760 mm). Diese entsprechen

$$= \frac{8{,}10 \cdot 760 \cdot (1 + 0{,}003665 \cdot 15)}{740 - 12{,}7} = 8{,}94 \text{ cbm}$$

von 15° u. 740 mm.

206. Wie stellt sich die Wärmebilanz des Drehofens[1]) beim Trockenverfahren und beim Dickschlammverfahren?

A. Trockenverfahren (ohne Rohmehlanfeuchtung).

Wärmeeinnahme für 1 kg Zementklinker (ohne Berücksichtigung der Bildungs- und Schmelzwärme der Silicate):

Aus 0,27 kg Kohle: $0{,}27 \cdot 6000$ . . . . $= 1620$ WE
Aus Klinkerwärme: $(1420 - 50°) \cdot 0{,}21$
[bzw. Luftvorwärmung[2])] . . . . . $= \quad 288$ „
Summa $\quad 1908$ WE.

---

[1]) Vgl. dazu auch: S p a c k m a n n, Ton. Ztg. 1906, S. 847; T i m m, Protokoll der 29. Hauptversammlung des Vereins deutscher Portl.-Zementfabrikanten 1906, S. 177; D o r - m a n n, Ton. Ztg. 1914, S. 1741.
[2]) Vgl. Nr. 207.

Wärmeausgabe.

(Die geringe Feuchtigkeit im trockenen Rohmehl wurde vernachlässigt.)

1. Erwärmung des Rohmehls auf ca. 800°.
   1,6 · 0,23 · 800 . . . . 294 WE
2. Austreibung der Kohlensäure aus $MgCO_3$.
   1,6 · 0,03 · 294 . . . . 14 „
3. Austreibung der Kohlensäure aus $CaCO_3$.
   1,6 · 0,76 · 451 . . . . 549 „
4. Erwärmung der entsäuerten Masse von 800°
   auf 1420°: 1 · 620 · 0,27 . . . . 167 „
5. Wärme in dem die Kühltrommel verlassenden
   Klinker: 1 (50 — 15) · 0,21 . . . . 7 „
6. Wärme in den Abgasen:

   a) Kohlensäure aus dem Rohmehl.

$$\frac{(1,6 \cdot 0,76 + 1,6 \cdot 0,03) \cdot 44}{1,977 \cdot 100} = 0,28 \text{ cbm.}$$

   b) Verbrennungsgase (unter Vernachlässigung von SO_2).

Für 1 kg Klinker sind 0,27 · 7,36 = 1,99 cbm Luft (0°) erforderlich; diese enthalten 0,42 cbm O und geben als Verbrennungsgase 0,42 cbm CO_2 neben 1,57 cbm N. Dazu kommt aus 10 Proz. Luftüberschuß 0,157 cbm N und 0,042 cbm O. Die Abgase bestehen dann aus:

		Analyse der trockenen Gase
0,28 cbm CO_2 aus dem Rohmehl 0,42 cbm CO_2 aus der Kohle	} 0,70 cbm	= 28,3 Proz.
0,04 cbm O		= 1,6 „
1,73 cbm N		= 70,1 „
2,47 cbm		100,0 Proz.

und entführen

0,70 · (550 — 15) · 0,47 = 176 WE mit der Kohlensäure,
(1,73 + 0,04) · 535 · 0,32 = 304 „   „ Stick-u. Sauerstoff.
Zusammen   480 WE

c) Flugstaub.

In 2,47 cbm Abgas sind 2,47 · 0,01 = 0,025 kg Flugstaub enthalten, die 0,025 · 0,23 · 535 = 3 WE entführen.

Die Wärmeausgabe verteilt sich also mit

461 WE = 24,2 Proz. auf Erwärmung der Rohmasse
 14 „ = 0,7 „   „ Austreibung der Kohlensäure aus $MgCO_3$,
549 „ = 28,8 „   „ Austreibung der Kohlensäure aus $CaCO_3$,
  7 „ = 0,4 „   „ Verlust durch Klinkerwärme,
480 „ = 25,1 „   „ Verlust durch die Abgase,
  3 „ = 0,2 „   „ Verlust durch den Flugstaub,
394 „ = 20,6 „   ,. Strahlung u. Leitung (Differenz)
——————————————————
1908 WE   100,0 Proz.

B. Dickschlammverfahren. (35 Proz. Wassergehalt des Schlammes).

Der Verbrauch an Wärme für die Zersetzung der Carbonate bleibt derselbe wie beim Trockenverfahren, ebenso entführt der die Kühltrommel verlassende Klinker die gleiche Wärmemenge. Der Wärmeverlust durch den Flugstaub ist wegen der geringen Menge desselben (ca. 2 g in 1 cbm Gas) zu vernachlässigen.

Der Wärmeverlust durch die Abgase stellt sich auf:

0,70 (250—15) · 0,43 =   71 WE mit der Kohlensäure
1,77 · 235 · 0,31   = 129 WE mit Stickstoff u. Sauerstoff
          ————————————
     Zusammen   200 WE.

Hinzu kommt der Wärmeverbrauch für die Wasserverdampfung (auf 1,6 kg trockenes Rohmehl kommen 0,86 kg Wasser) und Abführung des Wasserdampfes mit 250°:

0,86 [85 + 536 + (150 · 1,25[1]) · 0,38)] = 595 WE.

---

[1] 1 cbm Wasserdampf wiegt 0,80 kg.

Wärmeeinnahme.

Aus 0,32 kg Kohle 0,32 · 6000 = 1920 WE
Klinkerwärme   = 288 „

Summa   2208 WE.

Wärmeausgabe.

461 WE = 20,9 Proz. für Erwärmung der Rohmasse,
 14 „ = 0,6 „   „ Austreibung der Kohlensäure aus $MgCO_3$,
549 „ = 24,8 „   „ Austreibung der Kohlensäure aus $CaCO_3$,
  7 „ = 0,3 „   „ Verlust durch Klinkerwärme,
200 „ = 9,1 „   „ Verlust durch die Abgase (ohne Wasserdampf),
595 „ = 27,0 „   „ Verdampfung des Wassers,
382 „ = 17,3 „   „ Strahlung u. Leitung (Differenz).

2208 WE   100,0 Proz.

207. Wie hoch kann die zum Ofenbetrieb erforderliche Luftmenge (bei 10 Proz. Luftüberschuß) durch Ausnutzung der Klinkerwärme in der Kühltrommel vorgewärmt werden?

Auf 1 kg Klinker kommen nach den vorhergehenden Aufgaben 0,27 · 8,1 = 2,18 cbm Luft. Die Klinker werden in der Kühltrommel von 900° auf 50° abgekühlt. Ohne Berücksichtigung des Strahlungsverlustes ergibt sich also (bei 0,23 mittlerer spez. Wärme des Klinkers):

$$\frac{850 \cdot 0{,}23}{2{,}18 \cdot 0{,}317} = 283°.$$

208. Brennen von Kalk im Drehofen. Hier liegen die Verhältnisse ähnlich wie beim Zementbrennen nach dem Trockenverfahren. Für 1 kg gebrannten Kalkes werden in großen Öfen etwa 30 Proz. Kohle von 6500 WE = 1950 WE verbraucht, dazu kommen etwa 200 WE durch Luftvorwärmung aus dem gebrannten Kalk gewonnene Wärme, so daß der Gesamtwärmeverbrauch etwa 2150 WE beträgt. Die Abgastemperatur ist ca. 500°, die Abgase enthalten 29 bis 31 Proz. CO_2 und 0,5 bis 1,5 Proz. O, ihr Staubgehalt ist im Mittel 0,5 g pro cbm. Die 2150 WE verteilen sich bei 95 proz. trockenem Kalkstein etwa wie folgt:

$$
\begin{array}{llll}
435 \text{ WE} & = 20{,}2 \text{ Proz.} & \text{für Erwärmung des Kalksteins auf} \\
& & \text{die Brenntemperatur,} \\
815 \text{ ,,} & = 37{,}9 \text{ ,,} & \text{,, Austreibung der Kohlensäure,} \\
5 \text{ ,,} & = 0{,}2 \text{ ,,} & \text{,, Verlust durch die im gebrannten} \\
& & \text{Kalk enthaltene Wärme,} \\
515 \text{ ,,} & = 24{,}0 \text{ ,,} & \text{,, Verlust durch die Abgase,} \\
380 \text{ ,,} & = 17{,}7 \text{ ,,} & \text{,, Strahlung u. Leitung (Differenz).} \\
\hline
2150 \text{ WE} & 100{,}0 \text{ Proz.}
\end{array}
$$

209. Wärmeentwicklung beim Kalklöschen.

$$CaO + H_2O = Ca(OH)_2 + 151 \text{ hWE}.$$

Demnach für 1 kg Kalk 270 WE.

210. Gipsbrennen (Estrichgips):

$$CaSO_4 + 2\,H_2O = CaSO_4 \cdot 2\,H_2O + 47 \text{ hWE}.$$

Ton, Glas.

211. Rohglasur für Irdengeschirr nach Pukall [Keramisches Rechnen[1])]: Zum Versatz einer Rohglasur nach der Formel:

$$2{,}3\;SiO_2 \quad 0{,}25\;Al_2O_3 \left\{ \begin{array}{l} 0{,}9\;PbO \\ 0{,}1\;K_2O \end{array} \right.$$

ist das Alkali (K_2O) aus Feldspat zu entnehmen, der zugleich auch Tonerde und Kieselsäure enthält. Feldspat hat die Formel $6\;SiO_2Al_2O_3K_2O$ und das Molekulargewicht 556. Man findet die 0,1 K_2O entsprechende Feldspatmenge durch den Ansatz:

---

[1]) 2. Aufl. Leipzig 1919.

Mol. K_2O Feldspat

$$1 \quad : \quad 556 = 0,1 : x, \text{ woraus}$$
$$x = 0,1 \cdot 556 = 55,6 \text{ Gwt. Feldspat.}$$

Im Feldspat sind K_2O und Al_2O_3 im Verhältnis von $1:1$, K_2O und SiO_2 im Verhältnis von $1:6$ enthalten, also stecken in den 55,6 Gwt. Feldspat außer $0,1$ K_2O noch $0,1$ Al_2O_3 und $6 \cdot 0,1 = 0,6$ Mol. SiO_2. Werden diese in Abzug gebracht und scheidet K_2O aus, dann bleiben nur noch zu berechnen:

$$1,7 \text{ } SiO_2 \quad 0,15 \text{ } Al_2O_3 \quad 0,9 \text{ } PbO.$$

PbO wird in dem vorliegenden Falle aus Bleiglätte entnommen. Man hat

PbO Glätte

$$1 \quad : 223 = 0,9 : x, \text{ woraus}$$
$$x = 0,9 \cdot 223 = 200,7 \text{ Gwt. Bleiglätte.}$$

Es bleibt nun noch der Rest $1,7$ SiO_2 $0,15$ Al_2O_3.

Kieselsäure und Tonerde zugleich enthalten die Kaoline und die reinsten weißbrennenden Tone. Die ihrer chemischen Zusammensetzung nach einfachsten, reinsten und in immer gleichmäßigem Zustande erhältlichen sind der Zettlitzer Kaolin und der englische China clay, beide sind annähernd 2 SiO_2, Al_2O_3, 2 H_2O, d. h. reine Tonsubstanz. Sie sind daher als Glasurmaterialien ganz besonders brauchbar.

Der Zettlitzer Kaolin hat das Molekulargewicht 258. Mithin ergibt sich für die Berechnung der $0,15$ Mol. Al_2O_3 die nachfolgende Proportion:

Mol. Al_2O_3 Z. Kaolin

$$1 \quad : \quad 258 = 0,15 : x, \text{ woraus}$$
$$x = 0,15 \cdot 258 = 38,7 \text{ Gwt. Zettlitzer Kaolin.}$$

Weil im Zettlitzer Kaolin auf 1 Mol. Al_2O_3 die doppelte Menge SiO_2 kommt, so entsprechen den $0,15$ Al_2O_3 $2 \cdot 0,15$ $= 0,30$ Mol. SiO_2, die in Abzug zu bringen sind, also

$1,7 - 0,3 = 1,4$, bleiben also nur noch 1,4 SiO_2 aus Hohenbockaer Sand, $SiO_2 = 60$, zu berechnen.

Mol. SiO_2 Sand

$$1 \ : \ 60 = 1,4 : x, \text{ woraus}$$
$$x = 1,4 \cdot 60 = 84,0 \text{ Gwt. Hohenbockaer Sand.}$$

Der Glasur

$$2,3\ SiO_2 \quad 0,25\ Al_2O_3 \begin{cases} 0,9\ PbO \\ 0,1\ K_2O \end{cases}$$

entspricht also der Versatz:

$$\begin{array}{rl}
55,6 \text{ Gwt.} & \text{Feldspat} \\
200,7 \quad ,, & \text{Bleiglätte} \\
38,7 \quad ,, & \text{Zettlitzer Kaolin} \\
84,0 \quad ,, & \text{Sand von Hohenbocka} \\
\hline
379,0 \text{ Gwt.}
\end{array}$$

212. Fayenceglasuren. Fürstenwalder Sand besteht nach P u k a l l aus:

$$\begin{array}{lll}
SiO_2 \ldots\ldots & 85,96 = 1,4327 & \text{Mol.} \\
Al_2O_3 \ldots\ldots & 7,30 = 0,0716 & ,, \\
Fe_2O_3 \ldots\ldots & 2,20 = 0,0138 & ,, \\
MgO \ldots\ldots & 0,25 = 0,0063 & ,, \\
K_2O \ldots\ldots & 1,97 = 0,0209 & ,, \\
\text{Glühverlust} \ldots & 2,12 = \quad - & ,, \\
\hline
& 99,80
\end{array}$$

Dieser Sand soll zur Darstellung von Fayenceglasuren vom Typus:

$$2,5 - 4\ SiO_2 \quad 0,1 - 0,3\ Al_2O_3 \quad 0,25 - 0,5\ SnO_2 \quad \overset{''}{R}O$$

verwendet werden.

Man verdoppele die Prozentformel und erhält:

$$2,8654\ SiO_2 \begin{cases} 0,1532\ Al_2O_3 \\ 0,0276\ Fe_2O_3 \end{cases} \begin{cases} 0,0126\ MgO \\ \underline{0,0418\ K_2O} \\ \quad 0,0544 \end{cases}$$

Ergänzt man die 0,0418 Mol. K_2O auf 0,2, so bleiben
0,2 — 0,0418 = 0,1582 Mol. zu berechnen. 0,1 Mol. K_2O
berechnet man zweckmäßig aus Salpeter wegen der oxy-
dierenden Wirkung desselben, bleiben also 0,0582 aus
Feldspat zu entnehmen, wodurch ebensoviel Al_2O_3 mit
eingeht, so daß sich dieses auf 0,1532 + 0,0582 = 0,2114
erhöht. Ebenso kommen 6 · 0,0582 = 0,3492 Mol. SiO_2
hinzu, wodurch der Bestand auf 2,8654 + 0,3492
= 3,2146 Mol. steigt. 0,2 Na_2O aus calc. Soda zu berech-
nen, erhöhen die Summe der Glasbildner ($\overset{''}{R}O + \overset{'}{R}_2O$) auf
0,2 + 0,2 + 0,0126 = 0,4126. Die Differenz zwischen
1 — 0,4126 = 0,5874 wird zweckmäßig als Bleioxyd berechnet. Ebenso werden 0,35 SnO_2 als Zinnoxyd eingeführt.
Man erhält demnach die Formel:

$$3{,}2146\ SiO_2 \begin{cases} 0{,}2114\ Al_2O_3 \\ 0{,}0276\ Fe_2O_3 \end{cases} 0{,}35\ SnO_2 \begin{cases} 0{,}5874\ PbO \\ 0{,}0126\ MgO \\ 0{,}2000\ Na_2O \\ 0{,}2000\ K_2O \end{cases}$$

und den Versatz:

$$2{,}8654\ SiO_2 \begin{cases} 0{,}1532\ Al_2O_3 \\ 0{,}0276\ Fe_2O_3 \end{cases} \begin{cases} 0{,}0126\ MgO \\ 0{,}0418\ K_2O \end{cases}$$

$$= 2{,}0000 \cdot 100 = 200{,}00 \text{ Gwt. Fürstenw. Sand}$$
$$0{,}1\ K_2O = 0{,}1000 \cdot 202 = 20{,}20 \text{ ,, Salpeter}$$
$$0{,}3492\ SiO_2\quad 0{,}0582\ Al_2O_3\quad 0{,}0582\ K_2O$$
$$= 0{,}0582 \cdot 556 = 32{,}35 \text{ ,, Feldspat}$$
$$0{,}2\ Na_2O = 0{,}2000 \cdot 106 = 21{,}20 \text{ ,, Soda, calc.}$$
$$0{,}5874\ PbO = 0{,}5874 \cdot 223 = 130{,}99 \text{ ,, Bleioxyd}$$
$$0{,}3500\ SnO_2 = 0{,}3500 \cdot 150 = 52{,}50 \text{ ,, Zinnoxyd}$$
$$\overline{457{,}24 \text{ Gwt.}}$$

(Bleioxyd / Zinnoxyd: $\begin{cases} 183{,}49 \\ \text{Zinn-} \\ \text{blei-} \\ \text{asche} \end{cases}$)

213. Berechnung von Normalglassätzen.

a) weich: 5 Na_2O,   5 CaO,   30 SiO_2,
b) mittelhart: 5 Na_2O,   6 CaO,   33 SiO_2,
c) hart: 5 Na_2O,   7 CaO,   36 SiO_2.

Natriumoxyd   Calciumoxyd   Kieselsäure

In Atomgewichten ausgedrückt, würden dann bestehen:

$$\text{Glas a) aus } 5 \cdot 62 = 310\ Na_2O,$$
$$5 \cdot 56 = 280\ CaO, \quad 30 \cdot 60 = 1800\ SiO_2;$$

$$\text{Glas b) aus } 5 \cdot 62 = 310\ Na_2O,$$
$$6 \cdot 56 = 336\ CaO, \quad 33 \cdot 60 = 1980\ SiO_2;$$

$$\text{Glas c) aus } 5 \cdot 62 = 310\ Na_2O,$$
$$7 \cdot 56 = 392\ CaO, \quad 36 \cdot 60 = 2160\ SiO_2.$$

Es würden demnach zur Herstellung der Gemenge nötig sein:

Für Glas a) 530 Teile Soda, 500 Teile Kalkstein, 1800 Teile Quarzsand;

für Glas b) 530 Teile Soda, 600 Teile Kalkstein, 1980 Teile Quarzsand;

für Glas c) 530 Teile Soda, 700 Teile Kalkstein, 2160 Teile Quarzsand.

214. Glassatz für ein Glas, in welchem auf 1 Mol. Kieselsäure 0,1 Mol. Tonerde enthalten sein sollen; es sei hierfür als tonerdehaltiges Material ein Klingstein in Aussicht genommen, welcher folgende Zusammensetzung in Prozenten und Molekülen besitzt:

	Proz.	Mol.-Gew.	Moleküle
SiO_2	59,4 :	60,4	= 0,983
Al_2O_3	19,5 :	102,2	= 0,198
Fe_2O_3	3,5 :	160	= 0,021
CaO	2,3 :	56	= 0,039
MgO	0,7 :	40,4	= 0,017
K_2O	6,0 :	94,3	= 0,063
Na_2O	7,0 :	62	= 0,113

Nachdem die Tonerdemenge in 100 Gewichtsteilen Klingstein 0,198 Mol. ausmacht und das zehnfache Molekulargewicht an Kieselsäure gewünscht wird, so entsprechen dieser Forderung 1,98 Mol. SiO_2. Nachdem der Klingstein nur 0,983 Mol. hiervon enthält, so müßte man noch $1,98 - 0,983 = 0,997$ oder rund 1 Mol. SiO_2, das sind 60,4 Gewichtsteile Quarzsand, hinzufügen. Ein solches Gemisch von 100 Teilen Klingstein und 60,4 Teilen Sand wird nun enthalten müssen:

	Moleküle	Summen
SiO_2	1,98	
Al_2O_3	0,198	2,199
Fe_2O_3	0,021	
CaO	0,039	0,056
MgO	0,017	
K_2O	0,063	0,176
Na_2O	0,113	

Setzt man weiter die Bedingung, daß das daraus erzeugte Glas der Formel

$$6\,(SiO_2,\ Al_2O_3,\ Fe_2O_3),\ CaO,\ (K_2O,\ Na_2O)$$

entsprechen soll, so wird man für 2,199 Mol. Säuren $\dfrac{2,199}{6} = 0,366$ Mol. $CaCO_3$ oder CaO nötig haben. Nachdem schon 0,056 Mol. alkalische Erden da sind, so braucht man als Zusatz $0,366 - 0,056 = 0,31$ Mol. $CaCO_3$.

Außerdem benötigt man $\dfrac{2,199}{6} = 0,366$ Mol. Alkali; nachdem der Klingstein schon 0,176 Mol. enthält, so braucht man noch $0,366 - 0,176 = 0,19$ Mol. Soda. Rechnet man die Molekularzahlen in Gewichte um, so entsprechen

$0,31\ CaCO_3 \quad 0,31 \cdot 100 = 31$ Gewichtsteilen $CaCO_3$;
$0,19\ Na_2CO_3 \quad 0,19 \cdot 106 = 20 \qquad$ „ $\qquad Na_2CO_3$.

Der Satz wird also zu bestehen haben aus:

100	Gewichtsteilen	Klingstein,
60,4	„	Quarzsand,
31	„	kohlensaurem Kalk,
$20 + x$	„	Soda,

wobei x diejenige Sodamenge darstellt, welche verflüchtigt wird und deren Größe bekannt sein soll. Der Einfachheit halber wurden Kalkstein und Soda als 100 proz. in Rechnung gesetzt. Die Rechnung ergibt, daß aus diesem Satze ein Glas folgender Zusammensetzung hervorgehen mußte:

$$
\begin{array}{lr}
SiO_2 \dots\dots\dots\dots & 63{,}7\,\% \\
Al_2O_3 \dots\dots\dots\dots & 10{,}4\,,, \\
Fe_2O_3 \dots\dots\dots\dots & 1{,}9\,,, \\
CaO \dots\dots\dots\dots & 10{,}4\,,, \\
MgO \dots\dots\dots\dots & 0{,}4\,,, \\
K_2O \dots\dots\dots\dots & 3{,}2\,,, \\
Na_2O \dots\dots\dots\dots & \underline{10{,}0\,,,} \\
& 100{,}0\,\%
\end{array}
$$

Zucker.

215. Eine Zuckerfabrik verarbeitet täglich 2000 hkg (zu 100 kg) Rüben. Durch Ausziehen der Rübenschnitzel mit Wasser in den Diffuseuren erhält man eine verdünnte Zuckerlösung (Dünnsaft), welche 7,5 Proz. Trockensubstanz enthält. Ihre Menge betrage auf 100 kg Rüben 130 l. Dieselbe ist zur Krystallisation des Zuckers einzudampfen, und zwar so weit, daß ein Krystallbrei mit 90 Proz. Trockensubstanz, die Füllmasse, erhalten wird. Wieviel Wasser muß täglich verdampft werden?

Das spez. Gewicht eines Dünnsaftes mit 7,5 Gewichtsprozent Zucker ist nach der diesbezüglichen Tabelle von Mategczek und Scheibler 1,0298 oder rund 1,03 bei 17,5°. Erhalten werden aus 2000 hkg Rüben: 2000 · 130 = 260 000 l = 260 000 · 1,03 = 267 800 kg Dünnsaft.

Die Menge des täglich zu verdampfenden Wassers beträgt:

$$w = 267\,800 \left(1 - \frac{7{,}5}{90}\right) = 245\,800 \text{ kg oder } 2458 \text{ hl, welche}$$

zur Verwandlung in Dampf (siehe folgende Tabelle) unter gewöhnlichem Drucke

$$245\,800 \cdot 637 = 156\,600\,000\ \text{WE}$$

bedürften, wozu von einer Kohle von 7400 WE nötig wären:

$$\frac{156\,600\,000}{7400} = 21\,160\ \text{kg} = 21,16\ \text{t}.$$

Dieser große Kohlenverbrauch wird indessen durch Anwendung von Vakuumapparaten sehr vermindert. Die Menge der Füllmasse wäre:

$$267\,800 - 245\,800 = 22\,000\ \text{kg} = 220\ \text{hkg}.$$

Die gesamte Verdampfungswärme des Wassers ist nach Regnault $= 606,5 + 0,305\ t$; nachfolgende Tabelle enthält eine entsprechende Zusammenstellung:

Temperatur t des gesättigten Dampfes	Dampfspannung		Druck auf 1 qcm	Verdampfungswärme
	mm	in Atm.	kg	WE
0	4,6	—	—	606,5
20	17,4	—	—	612,6
40	54,9	0,072	0,075	618,7
60	148,8	0,196	0,203	624,8
80	354,5	0,466	0,482	630,9
100	760,0	1,000	1,033	637,0
110	1075,4	1,415	1,462	640,0
120	1491,3	1,962	2,027	643,1
130	2030,3	2,671	2,760	646,1
140	2717,6	3,576	3,695	649,2
150	3581,2	4,712	4,869	652,2
160	4651,6	6,120	6,324	655,3
170	5961,7	7,844	8,105	658,3
180	7546,4	9,929	10,260	661,4
190	9442,7	12,425	12,832	664,4

216. 27 Teile Zucker bilden mit 9 Teilen Nichtzucker und 8 Teilen Wasser einen Sirup. Welche prozentische Zusammensetzung muß derselbe haben?

Durch die Mischung der angegebenen Bestandteile entstehen $27 + 9 + 8 = 44$ Teile Sirup. In 44 Teilen Sirup sind 27 Teile Zucker enthalten, mithin in 100 Teilen Sirup

$$44 : 27 = 100 : x = \frac{27 \cdot 100}{44} = 61{,}363 \text{ Proz. Zucker.}$$

In gleicher Weise berechnet man den Nichtzuckergehalt: $44 : 9 = 100 : x = 20{,}454$ Proz. Nichtzucker. Der Wassergehalt ist dann $= 100 - (61{,}363 + 20{,}454) = 18{,}183$ Proz.

Die Prüfung der Rechnung auf ihre Richtigkeit besteht in der Quotientenberechnung, welche in beiden Sirupen gleich sein muß:

$$\frac{27 \cdot 100}{36} = 75 \quad \text{und} \quad \frac{61{,}363 \cdot 100}{81{,}817} = 75 \,.$$

217. Bestimmung des Krystallzuckergehaltes einer Füllmasse (nach Schneider). Hat eine Füllmasse die Zusammensetzung: Z 86,6, Nz 7,4, W 6,0 Proz., so sind in 100 Teilen derselben 7,4 Teile Nichtzucker enthalten, welche bei einem Quotienten des Ablaufsirups von beispielsweise 73 Einheiten $7{,}4 \cdot \dfrac{73}{27} = 20$ Proz. des in der Füllmasse enthaltenen Zuckers in den Sirup überführen würden, wenn die Zerlegung der Füllmasse in chemisch reinen Krystallzucker und einen Ablauf von solch niedrigem Quotienten als praktisch durchführbar gedacht wird. Es bedeutet der Quotient eines Produktes die in 100 Teilen Trockensubstanz enthaltenen Prozente an Zucker. Ist der Quotient des Grünsirups $= 73$, so sind in 100 Teilen Trockensubstanz $100 - 73 = 27$ Proz. Nichtzucker enthalten und je 1 Teil Nichtzucker erfordert in diesem Fall $\dfrac{73}{27}$ Teile Zucker zur Bildung des Sirups, mithin die 7,4 Proz. Nichtzucker der Füllmasse 20 Proz. Zucker. Da der Gehalt der Füllmasse an Zucker $= 86{,}6$ Proz. ist, so werden 86,6 — 20 = 66,6 Proz. reinen Krystallzuckers theoretisch ausbringbar sein. Diese Beziehungen zeigt die Formel: $Sp = \dfrac{n \cdot Sq}{100 - Sq}$. Man findet also den aus 100 Teilen einer Füllmasse in den Grünsirup übergehenden Zuckeranteil (Sp = Sirupspolarisation), wenn man den in den Sirup übergehenden Nichtzucker (n) mit dem Quotienten des Sirups (Sq) multipliziert und das Produkt durch die Differenz 100 — Sq, das heißt den prozentischen Nichtzuckergehalt der den Sirup bildenden Trockensubstanz, dividiert.

Der gesamte Nichtzuckergehalt der Füllmasse darf nur unter der Bedingung in die Rechnung eingesetzt werden, daß der geschleuderte Zucker chemisch rein ist.

Setzt man die gegebenen Werte in die obige Formel ein, so erhält man $Sp = \dfrac{7{,}4 \cdot 73}{100 - 73} = 20$ Proz.

Den in der Füllmasse enthaltenen Krystallzucker (K) findet man alsdann nach der Formel:

$$K = Fp - \frac{n \cdot Sq}{100 - Sq},$$

in welcher Fp die Polarisation der Füllmasse darstellt:

$$K = 86{,}6 - \frac{7{,}4 \cdot 73}{100 - 73} = 66{,}6 \text{ Proz.}$$

Englische und amerikanische Maß- und Gewichtsverhältnisse.

Das Lesen englischer und amerikanischer Zeitschriften und Bücher wird außerordentlich erschwert durch das

völlig veraltete Maß- und Gewichtssystem. Nachfolgend
die Vergleichung mit dem metrischen System:

1 Inch = 0,0254 m = 2,54 cm;
1 Foot = 12 Inches = 0,3048 m;
1 Yard = 3 Feet = 0,9144 m;
1 □Inch = 6,4514 qcm;
1 □Foot = 144 □Inches = 9,2900 qdm = 0,0929 qm;
1 engl. Fußpfund = 0,13825 m/kg;
1 engl. Pferdestärke = 1,013 PS = 550 Fußpfund
    = 76,04 m/kg;
1 Pfund auf 1 Quadratzoll = 0,0703 kg/qcm = 0,068 Atm.
    1 ton auf 1 Quadratfuß = 1,09 kg/qcm;

1 B. T. U. (British Thermal Unit), die englische Wärmeeinheit, ist diejenige Wärmemenge, die erforderlich ist, um
1 Pfund Wasser um 1° F. zu erhöhen. 1 B. T. U. = 0,252 WE.

Das Troy-Gewicht ist gültig für edle Metalle;
Gold- und Silberarbeiter verkaufen danach mit folgenden
Unterabteilungen:

1 pound = 12 ounces;
1 ounce = 20 pennyweights;
1 pennyweight = 24 grains.

Für Metalle: 1 ton = 2000 pound = 29 166 ounces,
somit 1 Unze = 0 003429 Proz. Gehalt.

Avoir du pois ist das Gewicht des allgemeinen Ver-
kehrs; 1 pound ist der zehnte Teil der Gallon, also 7000 grain
und hat 16 ounces, jede von 437,5 grains.

1 grain = 0,0648 g;
1 ounce = 437,5 grain = 28,3541 g;
1 pound = 16 ounces = 0,4536 kg;
1 hundredweight = 112 pounds = 50,8024 kg;
1 ton = 20 hundredweight = 1,0160 t;
1 Imperial-Gallon = 277,27 engl. Kubikzoll
    = 70 000 grains = 4,543 l.

Die amerikanische Gallone ist dagegen 3,785 l; ferner

1 long ton = 2240 pounds = 1016 kg;
1 short ton = 2000 pounds = 907 kg;
1 pound = 453,593 g;
1 Flasche Quecksilber = 75 Pfund = 34 kg;
1 Faß Petroleum = 42 Gallons = 159 l;
1 Faß Zement = 380 Pfund netto = 172,365 kg;
1 Faß Salz = 280 Pfund netto = 127 kg.

In Nordamerika ist als Vergleichsmaß für den Querschnitt von blanken und isolierten Leitern das circularmil (c. m.) gebräuchlich. Dieses stellt die Fläche eines Quadrates dar, dessen eine Seite 1 mil = 0,001 Zoll engl. = 0,0254 mm ist.

Wenn also der Querschnitt eines Drahtes in c. m. angegeben ist, so wird der Querschnitt in Quadratzoll gefunden durch Multiplikation mit 0,000 000 785.

Im übrigen gelten die englischen Maße.

Sachregister.

Wertvolle Zeitschriften

aus dem Verlag von Otto Spamer in Leipzig-R.

Chemische Apparatur

Zeitschrift für die maschinellen und apparativen Hilfsmittel der chemischen Technik. Herausgeber: **Dr. A. J. Kieser.** Erscheint monatlich 2mal. Preis vierteljährlich 7 M.

Die „Chemische Apparatur" bildet einen Sammelpunkt für alles Neue und Wichtige auf dem Gebiete der maschinellen und apparativen Hilfsmittel chemischer Fabrikbetriebe. Außer rein sachlichen Berichten und kritischen Beurteilungen bringt sie auch selbständige Anregungen auf diesem Gebiete. Die „Zeitschriften- und Patentschau" mit ihren vielen Hunderten von Referaten und Abbildungen, sowie die „Umschau" und die „Berichte über Auslandpatente" gestalten die Zeitschrift zu einem **Zentralblatt für das Grenzgebiet von Chemie und Ingenieurwissenschaft.**

Feuerungstechnik

Zeitschrift für den Bau und Betrieb feuerungstechnischer Anlagen. Schriftleitung: **Dipl.-Ing. Dr. P. Wangemann.** Erscheint monatlich 2mal. Preis vierteljährlich 7 M.

Die „Feuerungstechnik" soll eine Sammelstelle sein für alle technischen und wissenschaftlichen Fragen des Feuerungswesens, also: Brennstoffe (feste, flüssige, gasförmige), ihre Untersuchung und Beurteilung, Beförderung und Lagerung, Statistik, Entgasung, Vergasung, Verbrennung, Beheizung. — Bestimmt ist sie sowohl für den Konstrukteur und Fabrikanten feuerungstechnischer Anlagen als auch für den betriebsführenden Ingenieur, Chemiker u. Besitzer solcher Anlagen.

Probenummern kostenlos vom Verlag!